教育部中等职业教育"十二五"国家规划立项教材

中等职业教育中餐烹饪与营养膳食专业系列教材

食品安全与操作规范

SHIPIN ANQUAN YU CAOZUO GUIFAN

主　编　顾伟强

副主编　张延波　毛轶慧　张桂芳

参　编　陈　栋　汪天旭　胡晓蕾

U0280272

重庆大学出版社

内容提要

本书以现代科学知识和技术为基础，应用国际先进的管理方法，以解决餐饮食品生产中的质量和安全卫生问题。主要内容包括：食品安全与操作规范概述、餐饮食品中常见的危害因素、细菌性食物中毒的预防技术、餐饮厨房食品安全管理方法、餐饮厨房食品制作硬件设施卫生安全要求、厨房清洁消毒和虫害控制、餐饮厨房从业人员健康和卫生、厨房烹饪原料采购和贮存、厨房烹饪加工安全制作与规范、餐饮酒店食品备餐和配送、违反食品安全法规的法律责任，共11个项目。

本教材既是中等职业学校烹饪专业学生学习食品安全与操作规范理论与技能的教材，也是非常优秀的课后工具书。

图书在版编目（CIP）数据

食品安全与操作规范 / 顾伟强主编. —重庆：重庆大学出版社，2015.9（2022.6重印）

中等职业教育中餐烹饪与营养膳食专业系列教材

ISBN 978-7-5624-9319-8

Ⅰ.①食… Ⅱ.①顾… Ⅲ.①食品安全—中等专业学校—教材②食品加工—技术操作规程—中等专业学校—教材 Ⅳ.①TS201.6②TS205-65

中国版本图书馆CIP数据核字（2015）第156412号

中等职业教育中餐烹饪与营养膳食专业系列教材

食品安全与操作规范

主　编　顾伟强
副主编　张延波　毛轶慧　张桂芳
责任编辑：沈　静　　版式设计：沈　静
责任校对：贾　梅　　责任印制：张　策

*

重庆大学出版社出版发行

出版人：饶帮华

社址：重庆市沙坪坝区大学城西路21号

邮编：401331

电话：（023）88617190　88617185（中小学）

传真：（023）88617186　88617166

网址：http://www.cqup.com.cn

邮箱：fxk@cqup.com.cn（营销中心）

全国新华书店经销

重庆升光电力印务有限公司印刷

*

开本：787mm×1092mm　1/16　印张：12.25　字数：306千

2015年9月第1版　2022年6月第7次印刷

印数：21 001—24 000

ISBN 978-7-5624-9319-8　定价：49.80元

中等职业教育中餐烹饪与营养膳食专业
国规立项教材主要编写学校

北京市劲松职业高级中学

北京市外事学校

上海市商贸旅游学校

上海市第二轻工业学校

广州市旅游商务职业学校

江苏旅游职业学院

扬州大学旅游烹饪学院

河北师范大学旅游学院

青岛烹饪职业学校

海南省商业学校

宁波市古林职业高级中学

云南省通海县职业高级中学

安徽省徽州学校

重庆市旅游学校

重庆商务职业学院

出版说明

　　2012年3月19日，教育部印发了《关于开展中等职业教育专业技能课教材选题立项工作的通知》（教职成司函〔2012〕35号）。根据通知精神，重庆大学出版社高度重视，认真组织申报，与全国40余家职教教材出版基地和有关行业出版社展开了激烈竞争。同年6月18日，教育部职业教育与成人教育司发函（教职成司函〔2012〕95号）批准重庆大学出版社立项建设"中等职业教育中餐烹饪与营养膳食专业系列教材"，立项教材经教育部审定后列为中等职业教育"十二五"国家规划教材。这一选题获批立项后，作为国家一级出版社和教育部职教教材出版基地的重庆大学出版社积极协调，统筹安排，主动对接全国餐饮职业教育教学指导委员会（以下简称"全国餐饮行指委"），在作者队伍的组织、主编人选的确定、内容体例的创新、编写进度的安排、书稿质量的把控、内部审稿及排版印刷上认真对待，投入大量精力，扎实有序地推进各项工作。

　　2013年12月6—7日，在全国餐饮行指委的大力支持和指导下，我社面向全国邀请遴选了中餐烹饪与营养膳食专业教学标准制定专家、餐饮行指委委员和委员所在学校的烹饪专家学者、骨干教师，以及餐饮企业专业人士，在重庆召开了"中等职业教育中餐烹饪与营养膳食专业国规立项教材编写会议"，来自全国15所学校30多名校领导、餐饮行指委委员、专业主任和骨干教师出席了会议，会议依据"中等职业学校中餐烹饪与营养膳食专业教学标准"，商讨确定了25种立项教材的书名、主编人选、编写体例、样章、编写要求，以及教学配套电子资源制作等一系列事宜，启动了书稿的编写工作。

　　2014年4月25—26日，为解决立项教材各书编写内容交叉重复、编写样章体例不规范统一、编写理念偏差等问题，以及为保证本套国规立项教材的编写质量，我社又在北京召开了"中等职业教育中餐烹饪与营养膳食专业系列教材审定会议"，邀请了全国餐饮行指委秘书长桑建、扬州大学旅游与烹饪学院路新国教授、北京联合大学旅游学院副院长王美萍教授和北京外事学校高级教师邓柏庚组成专家组对各书课程标准、编写大纲和初稿进行了认真审定，对内容交叉、重复的教材，在内容、侧重点以及表述方式上作了明确界定，并要求各门课程的知识内容及教学课时，要依据全国餐饮行指委研制、教育部审定的《中等职业学校中餐烹饪与营养膳食专业教学标准》严格执行。会议还决定在出版此套教材之后，将各本教材的《课程标准》汇集出版，以及配套各本教材的电子教学资源，以便各校师生使用。

2014 年 10 月，本套立项教材的书稿按出版计划陆续交到出版社，我们随即安排精干力量对书稿的编辑加工、三审三校、排版印制等全过程出版环节严格把控，精心工作，以保证立项教材出版质量。此套立项教材于 2015 年 5 月陆续出版发行。

在本套教材的申请立项、策划、组织和编写过程中，我们得到了教育部职成司的信任，把这一重要任务交给重庆大学出版社，也得到了全国餐饮职业教育教学指导委员会的大力帮助和指导，还得到了桑建秘书长、路新国教授、王美萍教授、邓柏庚老师等众多专家的悉心指导，更得到了各参与学校领导和老师们的大力支持，在此一并表示衷心的感谢！

我们相信此套立项教材的出版会对全国中等职业学校中餐烹饪与营养膳食专业的教学和改革产生积极的影响，也诚恳地希望各校师生、专家和读者多提改进意见，以便我们在今后不断修订完善。

重庆大学出版社

2015 年 5 月

前　言

"民以食为天，食以安为先。"完善的食品安全保障体系是国家发展和社会文明进步的重要标志。餐饮酒店提供安全的菜点食品以保障消费者的健康是义不容辞的责任，但每起食物中毒的背后都能找到其不完善的卫生管理体系以及从业人员不符合卫生的操作行为。世界卫生组织（WHO）认为，从全球范围来看，由于食品加工处理不当而导致的食物中毒占了绝大部分。因此，良好的食品加工生产操作规范是保障食品安全的必要前提，它贯穿于烹饪原料采购、贮存、加工，菜点销售、食用的全过程，是实现旅游餐饮酒店菜点制作现代化、科学化的必备条件，也是菜点优良品质和安全卫生的保证。我国目前制定了《餐饮服务食品安全操作规范》，以约束餐饮酒店自觉规范菜点食品烹饪加工过程。

食品安全与操作规范（FSMP）是一门专门探讨在食品加工、贮存、销售等过程中确保食品卫生及食用安全，降低疾病隐患，防范食物中毒的一个跨学科领域。其重点是：制定食品加工、贮存等操作规范和双重检验制度，确保食品生产过程的安全性；防止异物、有毒有害物质、微生物污染食品，防止出现人为事故；完善管理制度，加强标签、生产记录、报告档案记录的管理。推广和实施操作规范的意义：①有效地提高餐饮企业的整体素质，确保食品的卫生质量，保障消费者的利益；②提高食品产品在全球贸易中的竞争力；③有利于政府和行业对餐饮企业的监管，强制性和指导性操作规范的要求可作为评价、考核餐饮企业的科学标准；④促使餐饮企业具备良好的生产设备，合理的生产过程，完善的质量管理和严格的检测系统，确保最终产品的质量（包括食品安全卫生）符合法规要求。

本书是中等职业学校中餐烹饪与营养膳食专业、西餐烹饪专业的专业核心课程《食品安全与操作规范》的推荐教材。本教材在充分征询广大烹饪专家和职教专家的基础上，由上海市第二轻工业学校烹饪专业教师、中国烹饪大师、高级技师、餐饮业国家级评委顾伟强老师担任主编，与全国其他院校的具有丰富理论和实践教学经验的烹饪专业教师以及工作在烹饪行业一线的技术能手们一起共同努力，几经酝酿编写完成。本教材既是中等职业学校烹饪专业学生学习食品安全与操作规范理论与技能的教材，也是非常优秀的课后工具书。

　　本教材根据中等职业学校烹饪专业学生的认知特点，采用"以工作任务为中心，以典型案例为载体"的项目化编写法，力求给学生营造一个更加直观的认知环境；力求学生看得懂，学得会，能运用。内容设计的深度、难度作了较大程度的调整，做到通俗易懂、循序渐进、深入浅出，突出实用技能的培养与应用，突出实操技能的务实性、灵活性、有效性和可持续性。在每个项目中，设立了"项目导学""学习目标""任务要求""情境导入""知识准备""学生活动"以及"思考与练习"等环节。体现了"学—练—习—思"的逻辑思维过程。

　　本教材由上海市第二轻工业学校顾伟强老师担任主编，负责全书所有项目的编写和统稿，并且协助青岛烹饪职业学校张延波老师承担了项目5的编写，协助上海旅游人才交流中心主任毛轶慧老师承担了项目11的编写，协助上海商贸旅游学校张桂芳老师承担了项目9的编写。上海市振华外经职业技术学校陈栋，上海市第二轻工业学校汪天旭、胡晓蕾等老师参与了其他项目的编写、资料收集、拍照或书稿整理。同时，在编写的过程中得到了麦德龙上海总部陈刚、上海光大会展中心赖声强的支持和帮助，并提出了许多宝贵的意见，在此表示衷心的感谢。

　　由于编写时间仓促，加之编者能力和经验有限，难免会有不足。希望各位专家学者、广大同仁和读者批评指正。

编　者

2015 年 7 月

目 录

contents

目录

contents

项目 1
食品安全与操作规范概述

食品安全关系着人们的健康和生命安全，提供安全的食品、保障消费者的健康是餐饮业义不容辞的责任。每一起食物中毒事件的背后总能找到餐饮企业不完善的自身卫生管理体系和从业人员不符合卫生要求的操作行为。

学习目标

一、知识目标

✧ 掌握食品安全与操作规范的概念。

✧ 熟悉食品安全的重要性。

✧ 了解餐饮厨房的食品安全风险。

✧ 了解供应不安全食品的法律责任。

二、技能目标

✧ 能够制定餐饮厨房保证食品安全的措施。

✧ 掌握餐饮厨房操作人员保证食品安全的规范。

三、情感目标

✧ 通过食品安全的重要性学习，进一步培养餐饮食品安全的风险意识。

✧ 通过食品安全的风险性学习，进一步提高餐饮食品安全的法律责任意识。

任务 1　食品安全重要性及其风险

🧁 任务要求

1. 了解餐饮厨房食品安全问题的不利影响。
2. 了解餐饮厨房的手工操作风险。
3. 了解餐饮厨房的即时加工、即时消费风险。

🧁 情境导入

2014 年某月某日，江苏某市多名市民在某大酒店食用婚宴后出现腹痛、腹泻、呕吐等食物中毒症状。食品与药品监督检验机构检测结果显示：在多名参加婚宴的食客中毒病人的肛拭中检出副溶血弧菌，确认这是一起食物中毒。经查，婚宴冷菜中的葱油海蜇丝在婚席前的 24 小时就已经加工完毕，并一直放在冷菜间内直至供餐。

🧁 知识准备

1.1.1　食品安全与操作规范的重要性

图 1.1　舌尖上的安全

食品是人类赖以生存的物质基础之一，食品安全直接关系到人体的健康，其安全问题一向是关系民生的大事。世界各国政府大多将食品安全视为国家公共安全，并纷纷加大监督力度，我国也出台了相应的法律法规，以规范餐饮企业的运营，但是餐饮食品安全问题还是时而发生。从 2006 年的"苏丹红"事件到 2008 年"三鹿奶粉"事件，2011 年"双汇瘦肉精"事件，上海"染色馒头"事件等，所有这些食品安全事件都触动着普通老百姓的神经，人们为舌尖上的安全烦恼（如图 1.1 舌尖上的安全）。

1）食品安全

食品安全是指食品无毒、无害，符合应当有的营养要求，对人体健康不造成任何急性、亚急性或者慢性危害的现象。根据世界卫生组织的定义，食品安全是"食物中有毒、有害物质对人体健康影响的公共卫生问题"，它是一门专门探讨在食品加工、贮存、销售等过程中确保食品卫生及食用安全，降低疾病隐患，防范食物中毒的一个跨学科领域。食品安全的含义有 3 个层次：

①食品数量安全。即一个国家或地区能够生产民族基本生存所需的膳食，要求人们既能买得到又能买得起生存生活所需的基本食品。

图 1.2　厨师的良好形象

②食品质量安全。是指提供的食品在营养、卫生方面是否能满足和保障人群的健康需要，是否涉及食物的污染，是否有毒，添加剂是否违规超标，标签是否规范，在食品受到污染之前是否采取预防食品的污染和遭遇主要危害因素侵袭的措施。

③食品可持续安全。这是从发展角度要求食品的获取需要注重生态环境的良好保护和资源利用的可持续性（如图1.2 厨师的良好形象）。

2）食品安全与操作规范

食品安全（Food Safety）与操作规范（MP）是一种特别注重餐饮企业烹饪制作过程中菜点产品质量和安全卫生的自主性管理方法。而操作规范是指政府制定颁布的强制性食品生产、贮存等方面的卫生规范。MP 是英文 Manufacturing Practice 的缩写，中文意思是作业规范，或是制造标准。食品安全与操作规范 (FSMP) 以现代科学知识和技术为基础，应用国际先进的餐饮管理方法，解决餐饮食品生产中的质量和安全卫生问题。它贯穿于烹饪原料采购、贮存、加工，菜点销售、食用的全过程，

图 1.3　厨师食品安全操作规范

是实现旅游餐饮酒店菜点制作现代化、科学化的必备条件，是菜点优良品质和安全卫生的保证体系，具有强制性和指导性的特点如（如图1.3 厨师食品安全操作规范）。

食品安全与操作规范的重点是：

①制定操作规范和双重检验制度，确保食品生产过程的安全性。

②防止异物、有毒有害物质、微生物污染食品，防止出现人为事故。

③完善管理制度，加强标签、生产记录、报告档案记录的管理。

实施食品安全与操作规范的意义有：

①能有效地提高餐饮食品行业操作人员的整体素质，确保食品的卫生质量，保障消费者的利益。

②能提高食品产品在全球贸易的竞争力。

③有利于政府和行业协会对餐饮食品企业的监管。

④ MP 中确定的操作规范和要求可作为评价、考核餐饮食品企业的科学标准。

3）餐饮厨房食品安全问题的不利影响

图 1.4　不安全的食品

安全的食品维持了人体正常的生理功能，而不安全的食品则可能给消费者、社会和餐饮食品企业都带来不利的影响。

①食用者发生食物中毒，有时甚至会感染传染病（如癫疾、肝炎）。

②食用者患病带来劳动能力的降低或丧失，以及医疗费用的增加（图1.4 不安全的食品）。

③儿童、老人、孕妇、免疫力低下人群如果食用不安全食品发生食物中毒或传染病，严重的可导致死亡。

影响本单位、本行业甚至本地区的声誉。

企业为不良的食品安全状况将付出很高的代价。

4）食品安全与良好操作规范的重要性

食品安全与良好操作规范是保护人类健康、提高人类生活质量的基础，也是现代社会稳定发展的重要保障，食品安全与良好操作规范的管理问题集中在餐饮企业、消费者和政府的食品安全行为 3 个领域。

作为餐饮食品行业的未来一员，你的行为习惯直接关系到公众的健康和利益，保证你的企业能够提供安全的食品是你应尽的社会责任！食品安全的目标要靠你所开展的每一项具体工作来实现，你理应更加充分地认识到食品安全的重要性（如图 1.5 食品安全重要性）。

图 1.5　食品安全重要性

1.1.2　餐饮厨房的食品安全风险

餐饮业是与消费者关系最为密切的行业，相对其他食品行业而言，餐饮业更加直接地面对消费者。餐饮业又是食品安全风险最高、发生食物中毒最为集中的行业，无论是在国内还是在国外都是如此。餐饮业的食品安全风险贯穿于食物供应链的全过程。

1）餐饮厨房的手工操作风险

餐饮业使用的原料和供应的品种繁多，加工手段多以手工操作为主，加工过程中可能引入较多危险因素，如原料变质、烧煮不透、贮存不当、交叉感染、餐具污染、人员带菌等。

2）餐饮厨房的即时加工、即时消费风险

即时加工、即时消费的方式，使餐饮食品无法做到经检验合格后再食用，这意味着餐饮食品中存在的食品安全风险，比工业化生产的食品风险要大。

餐饮行业技术含量较低，从业人员食品安全知识水平参差不齐、流动频繁，法律意识也较为薄弱，给食品安全带来了很大的隐患。

🧁 学生活动　供应不安全食品案例讨论

在任务 1 情境导入的案例中想一想：参加婚宴食客中毒病人肛拭中为什么会检出副溶血弧菌？葱油海蜇丝是怎样遭受副溶血弧菌污染的？

[参考答案]

副溶血弧菌是一种引起食物中毒的病原菌，常见于海产品中，人体染菌后潜伏期 4~30 小时，典型症状为：腹部绞痛、呕吐和腹泻，同时引起脱水和发热。海蜇丝就是一种海产品。

任务 2　食品安全保证措施及法律责任

🧁 任务要求

    1. 掌握餐饮酒店厨房食品安全措施。
    2. 掌握餐饮厨房加工操作人员食品安全操作规范。
    3. 熟悉供应不安全食品的刑事责任。
    4. 掌握供应不安全食品的行政处罚规定。
    5. 了解供应不安全食品的民事赔偿规定。

🧁 情境导入

    2014 年 7 月，福喜（中国）上海食品有限公司严重违反《中华人民共和国食品安全法》和操作规范，通过回收再利用过期食品原料生产加工食品被媒体曝光，涉及牛肉、猪肉、鸡肉等种类。上海食药监、公安等部门连夜行动，查封该涉事企业，并责令麦当劳、必胜客等下游企业封存相关食品原料计 100 余吨。

🧁 知识准备

1.2.1　保证餐饮厨房食品安全措施

    虽然餐饮业具有较高的食品安全风险，但食物中毒并不是不可预防的，每个餐饮企业和厨房加工操作人员都可以通过采取相应措施来保证食品的安全，预防食品安全事故的发生。

    1）餐饮酒店厨房食品安全措施

    餐饮酒店厨房食品安全措施有：

    ①按照《食品安全法》等有关法律法规的要求，建立符合本企业特点的保证食品安全的管理制度，按规定配备专职或兼职食品安全管理人员，开展食品安全自身管理。

    ②制定本企业的食品安全政策和要达到的食品安全管理目标。

    ③在食品安全方面给予一定的投入，包括加工操作场所设施等硬件投入和餐饮食品从业人员培训等管理投入。

    2）厨房加工操作人员食品安全措施

    厨房加工操作人员食品安全措施有：

    ①按照国家法律法规的规定和本企业食品安全管理制度的要求，规范地进行食品的加工操作和相关活动。

    ②厨房加工操作人员必须经过健康检查并取得健康证明，不得患有可能影响食品安全的有关疾病，保证自身的身体健康。

③接受良好的食品安全培训，掌握与本人岗位有关的食品安全知识和技能。

培训是使食品从业人员掌握食品安全法规、知识和技能，从而预防食物中毒发生的有效手段。我国《食品安全法》及其实施条例要求食品生产经营企业应当组织职工参加食品安全知识培训，并建立培训档案。

所有餐饮服务从业人员应参加上岗前的初次培训和定期再培训，并按照培训大纲的要求及《食品安全法》规定的培训内容和学时来进行。餐饮企业负责人、食品安全管理人员（包括厨师长）和其他餐饮服务从业人员的初次培训时间，应分别不少于 15，40，10 学时。餐饮服务从业人员中的企业主要负责人、食品安全管理人员（包括厨师长）和关键环节操作人员培训后，应参加省市统一的网络在线考核。经考核合格的，发给培训合格证明。餐饮服务企业申领卫生经营许可证时，其负责人、食品安全管理人员（包括厨师长）和关键环节操作人员应当取得培训合格证明。

1.2.2　餐饮厨房供应不安全食品的法律责任

我国相关法律法规规定了餐饮服务企业供应不安全食品应承担的刑事、民事和行政法律责任。

1）供应不安全食品的刑事责任

《中华人民共和国刑法》中对供应不安全食品涉及的刑事犯罪条款有：

①生产、销售伪劣产品罪。

②生产、销售不符合卫生标准的食品罪。

③生产、销售有毒、有害食品罪。

《中华人民共和国刑法》规定，对存在上述犯罪行为的企业可处以罚金，对企业直接负责的主管人员和其他直接责任人，按照其所犯罪行种类和严重程度可处以：

①没收财产。

②判处最高达十五年的有期徒刑。

③判处无期徒刑。

④判处死刑。

2）供应不安全食品的行政处罚规定

《中华人民共和国食品安全法》等法律法规对餐饮企业的食品安全违法行为，可给予以下行政处罚：

①警告。

②责令停产停业。

③没收违法所得、违法经营的食品、食品添加剂和用于违法经营的工具、设备、原料等物品。

④最高可处货值金额 10 倍的罚款。

⑤吊销卫生经营许可证。

3）供应不安全食品的民事赔偿规定

餐饮企业违反《中华人民共和国食品安全法》规定，造成食物中毒事故和其他食源性疾患的，或者给他人造成损害的，依照《中华人民共和国民法通则》规定，将承担民事赔偿责任，包括医疗费、因误工减少的收入、残疾者生活补助费等费用。

学生活动　供应不安全食品案例讨论

在任务2情境导入的案例中想一想：福喜（中国）上海食品有限公司触犯了《中华人民共和国食品安全法》哪一条？应当受到怎样的行政和刑事处罚？

图 1.6　违法自食其果

[参考答案]

福喜（中国）上海食品有限公司触犯了《中华人民共和国食品安全法》第八十五条，应当没收违法所得、违法经营的食品、食品添加剂和用于违法经营的工具、设备、原料等物品；处货值金额五倍以上十倍以下罚款；视情节可以吊销其生产经营许可证；构成犯罪的，应依法追究刑事责任（如图1.6违法自食其果）。

[思考与练习]

1. 根据《食品安全法》规定，未经许可从事食品经营活动，可处以（　　　）。
　　A. 没收违法所得，并根据货值金额罚款
　　B. 责令停产停业
　　C. 以上都是

2. 被吊销餐饮服务许可证的企业，其直接负责的主管人员自行政处罚决定作出之日起（　　　）年内不得从事食品生产经营工作。
　　A.3　　　　　　　　　　B.5　　　　　　　　　　C.8

3.《中华人民共和国刑法》规定，在生产、销售的食品中掺入有毒、有害的非食品原料、或销售明知掺入有毒、有害的非食品原料的食品的，最高可处以（　　　）。
　　A.10 年以上有期徒刑　　　B. 无期徒刑　　　　C. 死刑

4. 生产不符合食品安全标准的食品，消费者除要求赔偿损失外，还可以向生产者要求支付价款（　　　）倍的赔偿金。
　　A.3　　　　　　　　　　B.5　　　　　　　　　　C.10

5. 如财产不足以支付民事赔偿和罚款、罚金的，以下（　　　）项是食品生产经营者应当先承担的。
　　A. 民事赔偿费用　　　　B. 行政处罚罚款　　C. 刑事处罚罚金

项目2
餐饮食品中常见的危害因素

餐饮食品由于自身烹饪原材料、烹饪加工方式、供应服务规范等问题，往往能产生生物性的、化学性的、物理性的危害，导致餐饮消费者食物中毒。学会鉴别、控制食物原材料本身生物、化学、物理性的危害污染源，对预防食物中毒意义重大。

学习目标

一、知识目标

◇ 掌握餐饮食品中常见的生物、化学、物理性危害。

◇ 熟悉影响细菌生长繁殖的条件。

◇ 了解细菌芽孢的生物学特性。

◇ 了解病原菌污染发病临床表现。

◇ 了解有毒物质和常见受污染食品中毒特点。

◇ 了解食物过敏原及常见表现。

二、技能目标

◇ 会预防常见病原菌污染的主要措施。

◇ 能对烹饪原料本身含有的有毒物质进行预防性处理。

◇ 会受有毒物质污染的烹饪原料的预防方法。

三、情感目标

通过餐饮食品中常见的危害因素学习，进一步培养餐饮食品的安全意识。

任务 1　生物性危害

任务要求

1. 了解细菌和病原菌污染源、发病表现、主要预防措施。
2. 熟悉影响细菌生长繁殖的条件。
3. 了解细菌芽孢及其毒素、病毒和寄生虫对食品安全的影响特点。

情境导入

不安全的食品之所以会使人致病，是因为其中含有可造成人体健康危害的各种因素。餐饮食品中的主要危害因素包括 3 大类：生物性、化学性及物理性危害（如图 2.1 食品危害宣传）。

图 2.1　食品危害宣传

知识准备

2.1.1　生物性危害概述

1）微生物

微生物是一类非常微小的生物体，大部分微生物不能用肉眼看到，但它们广泛存在于自然界中。

2）致病微生物

并非所有的微生物都会使人致病，只有部分种类才会导致食物中毒，这些微生物通常被称为致病微生物。

3）生物性危害

餐饮食品的腐败变质和是否会使人致病没有必然联系。有些微生物会使食品腐败变质，但很少使人得病；而有些微生物并不会引起食品的感官变化，但却能使人致病。污染了致病微生物的餐饮食品是导致食物中毒的主要原因之一。不能以食品是否变质来判断食品是否受到致病微生物的污染。致病微生物是食物中毒最为主要的原因，是餐饮业应重点控制的危害细菌。

常见的生物性危害包括细菌、病毒、寄生虫以及霉菌。

2.1.2　细菌

1）细菌和病原菌污染源

（1）细菌

细菌是人类目前了解得最为深入的一类微生物。细菌中的致病菌（又称病原菌）可以使人得病（如图 2.2 拉肚子）。

图 2.2　拉肚子

（2）细菌分类

细菌按其形态，可分为球菌、杆菌和螺形菌；按其致病性，细菌又可分为致病菌、条件病菌和非致病菌。

（3）细菌危害表现

餐饮食品中细菌对食品安全和质量的危害表现在两个方面：

①引起食品腐败变质。

②引起食源性疾病。

若餐饮食品被致病菌污染，将会造成严重的食品安全问题，餐饮业80%以上的食物中毒是由它们引起的。

（4）细菌污染途径

经过加工处理的直接入口的餐饮食品中带有细菌，可能是由于厨房加工时未彻底去除，但更多的是由于受到交叉污染所致，交叉污染通常可来自于：

①生的禽畜肉、禽蛋、水产和蔬菜等。

②泥土、灰尘、废弃物及其他污物。

③受到污染的操作环境，如操作台面、容器、设施等。

④人，如通过携带致病菌或不清洁的手污染食品等。

2）食品中的常见病原菌发病临床表现、主要预防措施

食品中常见的几种病原菌及其特点如表2.1所示。

表2.1　食品中常见的几种病原菌及其特点

病原菌	常见食品	污染来源	典型症状	常见潜伏期	生长和杀灭条件	主要预防措施
副溶血弧菌	海产品及受该菌污染的食品	受该菌污染的食品接触面，包括容器、水池、工具、抹布、手等	腹部绞痛、呕吐和腹泻，同时引起脱水和发热	4~30小时	含盐3.0%~3.5%生长较好，烹饪时彻底加热或食醋中1分钟均可杀灭	不吃生食海产品，避免交叉污染
金黄色葡萄球菌	生牛奶、熟肉、糕点及其他受该菌污染的食品	人体伤口、炎症部位，以及疖子、皮肤、鼻子、口腔等	腹痛、呕吐、低热	1~6小时	低于10℃细菌不繁殖，低于15℃基本不形成毒素；烹饪时彻底加热可杀灭菌体，破坏毒素需100℃2小时	避免手部有伤口从业人员上岗，接触身体后洗手，控制食品加工与食用时间间隔及保存温度
沙门菌	家禽、蛋、生肉	老鼠、昆虫和污水	腹痛、腹泻、呕吐、高热	12~36小时	烹饪时彻底加热可杀灭菌体	避免有腹泻等消化道症状从业人员上岗，食品烧熟煮透，避免交叉污染，严格洗手

病原菌	常见食品	污染来源	典型症状	常见潜伏期	生长和杀灭条件	主要预防措施
蜡样芽孢杆菌	呕吐型:谷物（尤其大米）、含淀粉食品;腹泻型:奶类、肉类、蔬菜	土壤和灰尘	腹痛、腹泻、呕吐	呕吐型:1~5小时;腹泻型:8~16小时	15 ℃以下细菌不繁殖;烹饪时彻底加热可杀灭细菌繁殖体,灭活芽孢需100 ℃20分钟	剩余食品彻底回烧,烹饪的食品保存在危险温度带之外
大肠杆菌	生牛肉、受到污染的食品,如蔬果	牛粪便、污水、受该菌污染的食品接触面	一般有腹痛、腹泻等消化道症状,肠出血性大肠杆菌O157: H7可以引起血便和腹痛,有时并发溶血性尿毒综合征引起死亡	根据种类不同,12小时至数天	烹饪时彻底加热可杀灭菌体	避免有消化道症状从业人员上岗,食品烧熟煮透,避免交叉污染,严格洗手
痢疾杆菌	水、牛奶、色拉、蔬菜	人畜粪便、污水、受该菌污染的食品接触面、手	腹痛、腹泻（粪便中可带血）	1~7天	少量活菌即可治病,烹饪时彻底加热烹饪温度可杀灭菌体	避免有腹泻等消化道症状从业人员上岗,食品烧熟煮透,避免交叉污染,严格洗手,消灭苍蝇
单核细胞增生李斯特菌	冷藏后未经彻底加热的肉制品、水产品、水果蔬菜	土壤、污水、动物粪便和健康携带	初期表现为发热、腹泻,重症可表现为败血症、脑膜炎、心内膜炎、肺炎、孕妇流产。对新生儿、孕妇威胁大	8~24小时	5 ℃以下仍可生长,烹饪时彻底加热可杀灭菌体	冷藏食品彻底加热后食用,凉拌菜注意避免交叉污染
肉毒梭状芽孢杆菌	自治发酵豆、谷类制品（面酱、臭豆腐）,自制罐头	环境、土壤、人畜粪便	视物模糊、咀嚼无力、呼吸困难等神经症状,病死率较高	1~7天	只在厌氧条件下生长;高压蒸汽121 ℃ 30分钟杀灭芽孢,破坏毒素需100 ℃10~20分钟	正确冷却食品,自制酱类食品要经常搅拌,使氧气供应充足,自制罐头杀菌彻底

3）细菌生长繁殖

细菌是通过 1 个分裂成 2 个的方式快速增殖,这个过程被称为二分裂。由于在合适的条件下,细菌只需要 10~20 分钟就可以分裂繁殖一次。因此,一个细菌经过 3~4 小时就能繁殖到数以百万计的数量,足以使人发生食物中毒。

4）影响细菌生长繁殖的条件

影响细菌生长繁殖的 6 项重要条件是营养、温度、时间、湿度、酸度和氧气。

（1）营养

细菌的生长需要营养物质，大多数的细菌喜欢蛋白质或碳水化合物含量高的食物，如畜禽肉、水产、禽蛋、奶类、米饭、豆类等。

（2）温度

大多数细菌适合生长繁殖的温度为 5~60 ℃，这个温度范围被称为"危险温度带"。个别致病菌可在低于 5 ℃ 的条件下生长（如李斯特菌），但生长速度十分缓慢。

（3）时间

细菌在合适的条件下繁殖非常迅速，由于大部分细菌需要达到一定的数量才会使人致病，因此控制时间以减缓细菌的繁殖，对于预防细菌性食物中毒具有重要意义。

（4）湿度

水是细菌生长所需的基本物质之一，细菌的成分中水占到 80% 以上，所以在潮湿的地方细菌容易存活，而用干燥的方法加工的食品不易变质。食物中细菌能够利用的水分被称为水分活性，水分活性的取值范围是 0 ～ 1，致病菌只能在水分活性高于 0.85 的食品中生长。

（5）酸度（pH）

pH 值是衡量食品酸碱性的指标，取值范围是 0 ～ 14。大多数食品是酸性的（pH ≤ 7.0），少数食品为碱性（pH ≥ 7.0）。细菌通常不能在 pH ≤ 4.6（如柠檬、醋）或 pH ≥ 9.0（如苏打饼干）的食品中繁殖，在 pH 为 4.6 ～ 7.0 的弱酸性或中性食品中细菌很容易生长繁殖，大部分食品的 pH 都在此范围内，如奶类、畜禽肉、水产、禽蛋、大部分蔬果等。

（6）氧气（O_2）

有些细菌需要氧气才能繁殖（需氧菌），有些则不需要（厌氧菌），还有一些在有氧和无氧条件下都能生长（兼性厌氧菌），大部分的食物中毒致病菌属于兼性厌氧菌。厌氧菌在罐头等真空包装的食品中生长良好，大块食品（如大块烤肉、烤土豆）及一些发酵酱类（如豆豉等）的中间部分也存在缺氧条件，适合厌氧菌生长繁殖。

5）控制细菌生长繁殖的方法

营养、温度、时间、湿度、酸度、氧气等细菌生长繁殖的要素，只要控制其中某一项，细菌就不再生长。由于改变食品的营养成分是不现实的，实际情况下能够采取的控制细菌生长繁殖的措施有：

①加入酸性物质使食品酸度增加，如用醋腌渍。

②加入糖、盐、酒精等使食品中的水分活性降低，如用糖、盐、酒腌渍。

③使食品干燥以降低水分活性，如风干。

④低温或高温保存食品。

⑤控制食品在常温下的保存时间，制作后 2 小时内食用完毕。

时间和温度是影响餐饮食品中细菌生长最关键的因素，也是大部分餐饮食品中能够实际运用的控制食品中细菌生长繁殖的措施。

2.1.3 细菌芽孢及其毒素

大部分餐饮食品中的细菌及其代谢产物在彻底加热后被杀灭或分解，但细菌芽孢及其毒素例外。

1）细菌芽孢及其特点

某些细菌在缺乏营养物质和不利的环境条件下，可以转化为细菌芽孢状态。处于细菌芽孢状态下的细菌对高温（烹饪温度下）、紫外线、干燥、电离辐射和很多有毒的化学物质都有很强的抵抗力。细菌芽孢不能生长繁殖，通常不会对人产生危害，但一旦环境条件合适（如营养成分且温度适宜），便可以重新萌发成为可使人致病的繁殖体状态。可产生芽孢的细菌在餐饮食物中毒方面具有特殊的意义，因为这类细菌通常能够在烹饪温度下存活。常见的能够产生芽孢的致病菌有肉毒梭状芽孢杆菌、蜡样芽孢杆菌、产气荚膜梭状芽孢杆菌等。

2）防止细菌芽孢转变为繁殖体的常用措施

防止细菌芽孢转变为繁殖体的常用措施有：
①将食品保存温度控制在危险温度带之外。
②食品加热或冷却时以最短的时间通过危险温度带。

3）细菌毒素

许多病原菌可产生使人致病的细菌毒素，大多数毒素在通常的烹饪温度条件下即被分解，但有些毒素（如金黄色葡萄球菌产生的肠毒素）具有耐热性，一般的烹饪方法不能将其破坏，因此污染了此类毒素的餐饮食品危险性极大，会引起食物中毒。细菌产生毒素需要一定的温度条件，温度越适宜，毒素产生的速度就越快。

金黄色葡萄球菌在不同的温度下产生肠毒素所需时间如表 2.2 所示。

表 2.2　金黄色葡萄球菌在不同的温度下产生肠毒素所需时间

食品	新鲜马铃薯羹	碎麦粥、小米粥	牛　奶
5~6 ℃	18 天	18 天	18 天未产生
19~20 ℃	5 小时	8 小时	8 小时
36~37 ℃	4 小时	4 小时	5 小时

2.1.4 病毒及寄生虫对食品安全的影响特点

1）病毒

病毒是一类比细菌更加微小的微生物，不仅肉眼看不见，而且在光学显微镜下也看不见，需用电子显微镜才能察觉到。病毒对餐饮食品的污染不像细菌那么普遍，但一旦发生污染，产生的后果将非常严重。

（1）病毒特点
①致病性。病毒只需要极少的数量即可使人致病。
②增殖性。病毒不会在食品中增殖，上述细菌生长繁殖的条件并不是病毒生存所需。彻底加热可以灭活食品中的病毒。

③污染性。携带病毒的人员如上厕所后不洗手，排泄物中的病毒可通过接触，污染餐饮食品与水。

④传播性。病毒可在食品与食品之间，食品接触的表面与食品之间，人与人之间传播。

（2）甲肝病毒和诺瓦克病毒

甲肝病毒和诺瓦克病毒的来源、典型症状及其预防措施如表2.3所示。

表2.3　甲肝病毒和诺瓦克病毒的来源、典型症状及其预防措施

病　毒	来　源	典型症状	常见潜伏期	主要预防措施
甲肝病毒	被污染的水源、食物（如毛蚶）、餐具、病人或携带者	从发热、疲乏和食欲不振开始，继而出现肝功能损坏	15~45天	不生食贝类、食品烧熟煮透，餐具及食品接触面彻底消毒，避免从业人员带菌操作
诺瓦克病毒	被污染的食物（如牡蛎）、水和病人的分泌物、生食的直接入口食品、病人或携带者	恶心、呕吐、腹痛、腹泻和痉挛、发热	24~72小时	不生食贝类、食品烧熟煮透，严格洗手和消毒，避免从业人员带菌操作

2）寄生虫

图2.3　寄生虫

寄生虫是指将其一生的大多数时间居住在另外一种动物——寄主上，同时对被寄生动物造成损害的一种生物。寄生虫特征为：在宿主或寄主体内或附着于体外以获取维持其生存、繁殖所需的营养或者庇护。在寄生关系中，寄生虫的中间宿主具有重大的餐饮食品安全意义。畜禽、水产是许多寄生虫的中间宿主，消费者食用了含有寄生虫的畜禽和水产品后，就可能感染寄生虫。例如吸虫中间宿主是淡水鱼、龙虾等节肢动物，生吃或烹调不适，会使人感染吸虫（如图2.3 寄生虫）。

（1）寄生虫共同的特点

①致病性。人感染寄生虫大多是通过食用生的或半生的（包括未烧熟煮透）的食品引起。

②存活性。寄生虫需在特定的宿主（人或动物）的体内才能繁殖。低温冷冻（–20 ℃冷冻7天或 –35 ℃冷冻15小时）或彻底加热食品均能有效杀灭寄生虫。

③污染性。蔬菜、水果和水都有可能受到寄生虫的污染。

（2）几种致病性寄生虫及其特点

几种致病性寄生虫及其特点详见表2.4。

表2.4　几种致病性寄生虫及其特点

寄生虫	来　源	典型症状	常见潜伏期	主要预防措施
旋毛虫	受到旋毛虫污染的猪和其他畜类动物	首先便稀或水样便，可伴有腹痛或呕吐，随后出现中毒过敏性症状，最后出现肌痛、乏力、消瘦	5~15天	肉类冷冻或彻底煮熟食品，不生食或半生食畜肉
肺吸虫	生或不熟的淡水蟹、虾	起病多缓慢，有轻度发热、盗汗、疲乏、食欲不振、咳嗽、胸痛及咳棕红色果酱样痰，腹痛、腹泻、恶心、呕吐、排棕红色黏稠脓血便	数周至数年	水产品冷冻或彻底加热，不生食或半生食淡水产品

寄生虫	来源	典型症状	常见潜伏期	主要预防措施
肝吸虫	生或不熟的淡水鱼、虾	腹泻、腹胀、肝肿大、食欲差	30天左右	水产品冷冻或彻底加热，不生食或半生食淡水产品
姜片虫	生的荸荠、菱角、藕等水生植物	腹痛、腹泻、食欲减退、恶心、呕吐、病人便量增多，有腥臭，也有腹泻和便秘交错的。	1个月左右	不生食水生植物
蛔虫	被蛔虫卵污染的蔬菜、瓜果或水源	食欲不振、恶心、呕吐、低热、间歇性脐周绞痛，有的可出现荨麻疹、营养不良，严重的可发生肠穿孔	7~9天	生食瓜果必须严格清洗消毒，饭前便后要洗手
广州管圆线虫	生或半生的螺、虾、蟹等小水产	呕吐、腹痛、腹泻、皮疹，严重的可发生脑膜炎、脑脊髓膜炎、肺出血	3~36天	避免生食或半生食螺、虾、蟹等小水产

2.1.5　霉菌

霉菌是丝状真菌的俗称，即"发霉的真菌"，它们往往能形成分枝繁茂的菌丝体，但又不像蘑菇那样产生大型的子实体。在温暖潮湿的地方，很多物品上长出一些肉眼可见的绒毛状、絮状或蛛网状的菌落，那就是霉菌（如图 2.4 霉菌）。

有些霉菌在餐饮食品中生长繁殖可产生毒素，破坏食品的品质，人和动物摄入含有毒素的食品后可发生中毒（如霉变甘蔗中的节菱孢霉）或导致癌症（如霉变花生、坚果中的黄曲霉毒素 B_1），黄曲霉素、杂色曲霉素、赭曲霉素等可以导致肝损伤，严重的可致人死亡，造成严重的食品安全问题。必须注意的是，烹饪加热处理方法不能破坏所有的霉菌毒素，霉变的食品必须丢弃。

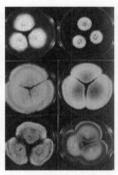

图 2.4　霉菌

🧁学生活动　观看大肠杆菌中毒案例视频

通过观看大肠杆菌中毒案例视频，从大肠杆菌常见食品污染来源、典型症状、常见潜伏期、生长和杀灭条件、主要预防措施等方面展开讨论（如图 2.5 大肠杆菌食物中毒）。

图 2.5　大肠杆菌食物中毒

[参考答案]

大肠杆菌常见于生牛肉、受到污染的食品，如蔬果等。污染源为牛粪便、污水、受该菌污染的食品接触面。中毒表现：一般有腹痛、腹泻等消化道症状，肠出血性大肠杆菌 O157：H7 可引起血便和腹痛，有时并发溶血性尿毒综合征引起死亡。潜伏期根据种类不同，12 小时至数天。

预防措施：

①烹饪时彻底加热可杀灭菌体。

②避免有消化道症状的从业人员上岗，食品烧熟煮透，避免交叉污染，严格洗手。

任务 2 化学与物理性危害

任务要求

1. 熟悉烹饪原料本身含有的有毒物质及其中毒特点、预防措施。
2. 了解烹饪原料受有毒物质污染及其中毒特点、预防措施。
3. 了解食品物理性危害的原因。
4. 熟悉食品物理性危害的预防措施。

情境导入

2010 年 6 月某日，江苏某地发生一起因河豚鱼加工处理不当，误食而导致河豚鱼中毒事件。食客在食用后数分钟至 3 小时内陆续发病，主要症状表现为腹部不适、口唇及指端麻木、四肢乏力，其中有一人继而麻痹、血压下降、昏迷，最后因呼吸麻痹而死亡。

知识准备

2.2.1 化学性危害

化学性危害是指可使人致病的有毒化学物质引起的危害，这些化学物质可源于餐饮食品本身，也可以是受到外来污染所致。常见的化学性危害有重金属、自然毒素、农用化学药物、洗涤剂、消毒剂及其他化学性危害。

餐饮食品中的重金属污染主要来源于 3 个途径：

①农用化学物质的使用、工业三废的污染。

②餐饮食品加工过程使用不符合食品卫生要求的机械、管道、容器以及食品添加剂中含有毒金属。

③作为食品原料的植物在生长过程中从含高金属的地质中吸取了有毒重金属。

食品中含有的自然毒素有的是食物本身就带有的，有的则是细菌或霉菌在食品繁殖过程中产生的。如发芽的马铃薯含有大量的龙葵毒素，可引起中毒或致人死亡；鱼胆中含的 5-a 鲤醇，能损害人的肝肾和心脑，造成中毒和死亡；霉变甘蔗中含 3- 硝基丙醇，可致人死亡（如图 2.6 发芽的马铃薯）。

图 2.6　发芽的马铃薯

作为食品原料的植物在种植和生长过程中，使用了农药杀虫剂、除草剂、抗氧化剂、抗菌素、促生长素、抗霉剂以及消毒剂等，或畜禽鱼等动物在养殖过程中使用抗生素，合成抗菌药物等，这些化学药物都可能给餐饮食品带来危害。

食品洗消剂（洗涤剂与消毒剂）安全问题产生的原因有：

①使用非食品用的洗消剂，造成对餐饮食品及食品用具的污染。

②不按科学方法使用洗消剂，造成洗消剂在餐饮食品及用具中的残留。如有些餐馆使用

洗衣粉清洗餐具、蔬菜或水果，造成洗衣粉中的有毒有害物质，如增白剂等对食品及餐具的污染。

其他化学危害情况比较复杂，污染途径较多，如滥用机械润化油等其他化学性危害。

1）烹饪原料本身含有有毒物质

本身含有有毒物质的烹饪原料及食品、中毒特点、预防措施如表 2.5 所示：

表 2.5　本身含有有毒物质的烹饪原料及食品、中毒特点、预防措施

有毒食品	有毒物质	中毒表现	常见潜伏期	预防措施
河豚鱼	河豚毒素（内脏、卵巢、血液、鱼皮、鱼头等部位含量尤其高）	口唇及指端麻木、四肢乏力、瘫痪，死亡率高	数分钟至 3 小时	不售卖任何形式的河豚鱼（包括"巴鱼"）及其干制品
青皮红肉鱼（如鲐鱼、金枪鱼、沙丁鱼、秋刀鱼）	鱼体不新鲜时，组氨酸分解形成的组胺	皮肤潮红，斑疹或荨麻疹，结膜充血，头疼，头晕，心跳呼吸加快等	数分钟至数小时	不采购不新鲜的鱼，运输、贮存、加工等要注意低温保鲜
未烧熟的四季豆、扁豆、荷兰豆	皂素、红细胞凝集素	恶心、呕吐、腹痛、头晕、出冷汗	1~5 小时	烹调时先将豆类放开水中烫煮 10 分钟后再炒
未煮熟的豆浆	皂素和抗胰蛋白酶	胃部不适、恶心、呕吐、腹胀、腹泻、头痛、无力	0.5~1 小时	防止"假沸"，烧煮时将上涌的泡沫除净，煮沸后再以文火维持沸腾 5 分钟
野蘑菇	毒肽、毒伞肽、毒蝇碱、光盖伞素、鹿花毒素等	无力、恶心、呕吐、腹痛、水样腹泻、瞳孔缩小、唾液增多、兴奋、幻觉、步态蹒跚、贫血、肝肿大等	10 分钟至 30 小时	不采摘野生蘑菇，不采购不认识的野蘑菇，不食用安全性不明的野蘑菇
鲜黄花菜	二秋水仙碱	恶心、呕吐、口干舌燥、腹泻	数分钟至数小时	食用干制黄花菜，不食用鲜黄花菜

2）烹饪原料受有毒物质污染

烹饪原料受有毒物质污染途径主要有：

①来自生产、生活和环境中的污染物，如农药、有毒有害金属、多环芳烃化合物、N-亚硝基化合物、二噁英等。

②从生产加工、运输、贮存和销售工具、容器、包装材料及涂料等溶入餐饮食品中的原料材质、单体及助剂等物质。

③在餐饮食品加工贮存中产生的物质，如酒类中有害的醇类、醛类等。

④滥用食品添加剂等。

烹饪原料受有毒物质污染及常见受污染食品、中毒特点、预防措施如表2.6所示。

表2.6 常见受污染食品、中毒特点及其预防措施

有毒物质	常见受污染食品	中毒表现	常见潜伏期	预防措施
有机磷农药	蔬菜	头痛、恶心、呕吐、视力模糊，严重者瞳孔缩小，呼吸困难，昏迷，可致死	2小时内	1. 选择信誉良好的供应商。 2. 蔬菜初加工时以洗洁精溶液浸泡30分钟后再冲净，烹调前再浸泡1分钟，可有效去除大部分农药。
瘦肉精	猪肝、猪肾、猪肺	心跳加快、肌肉震颤、头晕、恶心、脸色潮红	0.5~2小时	1. 选择信誉良好的供应商，不采购市场外无证摊贩经营的产品。 2. 选用带有肥膘的猪肉，猪内脏选择有品牌的定型包装产品。
亚硝酸盐	误用亚硝酸盐的食品、腌腊肉、暴腌菜、存放过久或腐败的蔬菜	口唇、舌尖、指尖青紫，头晕、乏力、呼吸急促，严重者昏迷甚至死亡	1~3小时	1. 不使用来历不明的食盐或味精，不自制肴肉、腌腊肉，以避免误用。 2. 如需使用应严格保管，使用量不得超过0.15 g/kg,使用时应搅拌均匀。 3. 尽量少食用暴腌菜，不吃腐烂变质的蔬菜。
桐油	误用桐油的食品	恶心呕吐、倦怠烦躁、头痛，严重者意识模糊，呼吸困难，昏迷或休克	0.5~4小时	1. 绝不使用来历不明的油。 2. 桐油具有特殊的气味，食品加工用油使用前应闻味辨别。
贝类毒素	海产贝类	唇、舌、指尖、腿、臀、颈部麻木，运动失调，伴有头痛、头晕、恶心和呕吐、呼吸困难逐渐加重，严重者常在2~3小时内呼吸麻痹而死亡	0.5~2小时	1. 采购时问清楚来源，选择信誉良好的供应商。 2. 不售卖织纹螺。
雪卡毒素	珊瑚礁附近的鱼类（东星斑、苏眉、老虎斑等）	腹泻、呕吐、四肢及口角麻痹、关节及肌肉疼痛，有时可持续数月	0.5~24小时	1. 采购时问清楚来源，选择信誉良好的供应商。 2. 不供应珊瑚鱼的卵、肝、肠、头、皮等部位。

2.2.2 物理性危害

1）食品物理性危害

物理性危害主要是指食品中的各种有害异物，被误食后可能造成外伤、窒息或其他健康问题，或是因食品中存在异物而导致投诉。

物理性危害与化学性危害和生物性危害相比，其主要特点是：消费者往往看得见，感觉

得到（如图 2.7 胃不舒服）。因此，也是消费者经常表示不满和投诉的事由。物理性危害包括碎骨头、碎石头、铁屑、木屑、头发、蟑螂等昆虫的残体、碎玻璃以及其他可见的异物。物理性危害不仅使餐饮食品造成污染，而且时常也损害消费者的健康。

图 2.7　胃不舒服

2）食品物理性危害因素

物理性危害主要来源于以下几种途径：

①植物收货过程中混进玻璃、铁丝、铁钉、石头等。

②水产品捕捞过程中混入鱼钩等。

③食品加工设备脱落的金属碎片、灯具及玻璃容器的碎片等（如图 2.8 仔细筛选烹饪原料）。

④畜禽在饲养过程中误食的铁丝。

⑤畜禽肉和鱼肉剔骨时遗留的骨头碎片或鱼刺。

⑥清洗工用具时脱落的钢丝球片段。

⑦餐饮食品操作人员落入食品中的毛发。

图 2.8　仔细筛选烹饪原料

3）物理性危害的预防措施

预防物理性危害应在食品原料验收、加工等环节进行仔细检查，采取措施避免使食品在加工操作过程中混入异物。

🧁 **学生活动　查阅几种本身含有毒物质的烹饪原料及其特点，并进行交流**

[参考答案]

河豚鱼中毒预防方法：不食用任何品种的河豚鱼（巴鱼）或河豚鱼干制品。河豚鱼毒素加热后也难以去除，发生中毒后的死亡率高，是国家法令禁止的食品。需要指出的是，"巴鱼"也是河豚鱼的一种，同样禁止售卖，河豚鱼干制品（包括生制品和熟制品）也不得经营。

任务 3　特殊人群的危害因素

🧁 任务要求

1. 了解食物过敏原及其常见表现。

2. 熟悉防止食物过敏的方法。

🧁 情境导入

过去几年，我国中原地区频发因食用芒果、腰果、荔枝等而引起的食物过敏问题，患者的主要临床表现为食用后出现皮肤瘙痒、湿疹、荨麻疹、头晕、恶心、呕吐、腹泻，少数人发生过敏性休克。FDA 调查发现，过去中原地区最易引起过敏的食物牛奶、牛肉、虾蟹等已被南方水果取代。

🧁 知识准备

2.3.1 食物过敏原

图 2.9 食物过敏原

1）食物过敏原

食物过敏原是指食物中能够引起机体免疫系统异常反应的物质。食物过敏原一般为相对分子质量 10 000 ~ 70 000 的蛋白质或糖蛋白（如图 2.9 食物过敏原）。

2）食物过敏原分类

食物过敏原可分为主要过敏原与次要过敏原，大多数过敏患者对主要过敏原敏感。常见的食物过敏原食物及其制品的过敏特点如表 2.7 所示。

表 2.7 常见的食物过敏原食物及其制品的过敏特点

食物过敏原	主要食物	主要过敏原	过敏几率
甲壳类动物及其产品	虾、蟹、牡蛎、乌贼等无脊椎动物	原肌球蛋白	0.6% ~ 2.8%
蛋类及其产品	鸡蛋、蛋糕	蛋白为卵类黏蛋白、卵白蛋白、卵传铁蛋白和溶菌酶，蛋黄为卵黄蛋白	儿童中达 35%，成人 12%
牛奶与奶制品	牛奶	酪蛋白、牛血清白蛋白和牛免疫球蛋白	儿童为 1.6% ~ 2.8%，50% ~ 90% 的儿童在 6 岁前转为耐受
花生及其产品	花生	Arah1，Arah2，Arah3，Arah4	花生过敏多见于对蛋、奶、核桃等过敏的个体，花生过敏终生存在且可恶化；不同的食物处理方式对花生抗原有不同的影响，烘烤会提高 Amhl 的含量

2.3.2 食物过敏原常见的表现

有些过敏体质的人会对餐饮食品中的成分（大多为蛋白质）产生过敏反应，最常见的表现包括皮肤瘙痒、荨麻疹，严重的可导致哮喘、呼吸急促、喉头水肿甚至死亡。有时，极少量的过敏原就可能导致过敏反应（如图 2.10 过敏常见表现 1）。

图 2.10 过敏常见表现 1

2.3.3 防止食物过敏的方法

防止食物过敏最好的方法是避免食用含过敏原的食物。餐饮厨房烹饪加工中以下几种方法可有助于防止食物过敏的发生：

①餐厅服务员应当清楚各种菜肴中含有的过敏原成分，以便顾客表示有过敏史时能提供正确的信息。

②在加工处理有过敏史顾客的食物时，除不提供含过敏原成分的食品外，还应注意避免过敏原的交叉污染。

③不在同一锅内油煎或油炸过敏和非过敏食物。

④加工过敏原料后的操作台和容器、工具，必须彻底清洗后再加工非过敏烹饪原料（如图2.11过敏常见表现2）。

图2.11　过敏常见表现2

🧁学生活动　如何处理特殊人群牛奶过敏

牛奶过敏是一种常见的过敏症状，不过很少有人会出现牛奶过敏。牛奶是人体的必需品，可以补充人体的钙质。乳糖是牛奶中存在的主要碳水化合物，牛奶中的乳糖进入小肠后，应该在乳糖酶的作用下分解为单糖才能被人体吸收。但如果人体乳糖酶缺乏，乳糖不能完全被分解吸收，就会产生腹胀、腹痛、腹泻，婴儿或出现长湿疹的症状。

[参考答案]

处理特殊人群牛奶过敏的方法有：

1. 与所有过敏性疾病一样，只要避免接触过敏原，就不会出现过敏症状。

2. 对牛奶过敏的人，可以采用羊奶。

3. 采用高温高压加热牛奶，破坏牛奶中的过敏原物质。

[思考与练习]

一、单选题

1. 引起副溶血弧菌食物中毒的主要食品是（　　　）。
　　A. 罐头食品　　　　　　　　B. 发酵食品　　　　　　　　C. 海产品

2. 下列蔬菜中，容易引起食物中毒的是（　　　）。
　　A. 鲜黄花菜
　　B. 没有煮熟、外表呈青色的四季豆
　　C. 以上都是

3. 四季豆中含有（　　　），食用后能引起中毒，这种物质彻底加热后能被破坏。
　　A. 组胺　　　　　　　　　B. 亚硝酸盐　　　　　　　　C. 皂素

4. 可在低于5 ℃条件下生长的致病菌是（　　　）。
　　A. 黄色葡萄球菌　　　　B. 李斯特菌　　　　　　　　C. 蜡样芽孢杆菌

5. 青占鱼特有的引起食物中毒的致病因素是（　　　）。
　　A. 黄色葡萄球菌　　　　B. 组胺　　　　　　　　　C. 亚硝酸盐

6. 在海产品中经常能发现的致病菌是（　　　）。
　　A. 副溶血弧菌　　　　　B. 沙门菌　　　　　　　　C. 痢疾杆菌

7. 沙门菌在下列哪种食品中最常见（　　　）。
　　A. 家禽及蛋类　　　　　B. 蔬菜　　　　　　　　　C. 水产

8. 以下哪种操作方式对于杀灭食品中的寄生虫效果最差（　　　）。
    A. 冷藏　　　　　　　　B. 冷冻　　　　　　　　C. 加热

9. 以下哪类因素是食物中毒最主要的原因（　　　）。
    A. 化学性危害和物理性危害
    B. 细菌和病毒
    C. 寄生虫和霉菌

10. 大多数食物中毒致病菌快速生长繁殖的条件是（　　　）。
    A. 只能无氧，25 ℃左右
    B. 有氧或无氧，37 ℃左右
    C. 只能有氧，37 ℃左右

11. 下列哪种食品中的亚硝酸盐含量最高？（　　　）
    A. 青皮红肉鱼　　　　　B. 烤肉　　　　　　　　C. 暴腌菜

12. 黄曲霉毒素 B_1 最容易污染哪类食品？（　　　）
    A. 水果、蔬菜　　　　　B. 禽类、鸡蛋　　　　　C. 花生、坚果

13. 大多数细菌适合的生长繁殖的温度（即危险温度带）是（　　　）。
    A.−18~30 ℃　　　　　B.25~70 ℃　　　　　　C.5~60 ℃

14. 以下哪种食物最可能引起亚硝酸盐食物中毒？（　　　）
    A. 变质的鱼肉　　　　　B. 制作不当的腌肉、肴肉　　　C. 霉变的花生

15. 细菌通常不能在 pH ≤（　　　）或 ≥（　　　）的食品中繁殖。
    A.4.6，9.0　　　　　　B.4.6，7.0　　　　　　C.7.0，9.0

16. 最有可能致人死亡的致病菌是（　　　）。
    A. 金黄色葡萄球菌　　　B. 沙门氏菌　　　　　　C. 肉毒梭菌

17. 大多数类型的细菌每（　　　）分钟就能繁殖一代。
    A.20~30　　　　　　　B.30~60　　　　　　　C.3~5

18. 一个细菌经过（　　　）小时就能繁殖到数以百万计的数量，足以使人发生食物中毒。
    A.1~2　　　　　　　　B.3~4　　　　　　　　C.8~10

19. 以下哪种食品最适宜于细菌生长？（　　　）
    A. 柠檬　　　　　　　　B. 裱花蛋糕　　　　　　C. 苏打饼干

20. 为去除生豆浆中含有的皂素和抗胰蛋白酶等物质，豆浆在煮沸后一般应维持沸腾多少时间？（　　　）
    A.1 分钟　　　　　　　B.3 分钟　　　　　　　C.5 分钟

21. 以下哪种是国家公告规定，禁止餐饮业采购、加工和销售的贝类？（　　　）
    A. 福寿螺　　　　　　　B. 黄泥螺　　　　　　　C. 织纹螺

22. 以下哪种措施不能防止食品中的细菌从芽孢变为繁殖体？（　　　）
    A. 食品保存温度控制在危险温度带之外
    B. 食品加热或冷却时以最短时间通过危险温度带
    C. 食品烹饪时烧熟煮透

23. 下列哪种措施不能避免过敏的发生？（　　　）

A. 不在同一锅油内煎炸过敏和非过敏食物

B. 加工过敏原料后的操作台和容器、工具，彻底清洗后才能再加工非过敏原料

C. 加工食品时尽可能少使用含过敏原的原料

24. 预防河豚鱼中毒最有效的措施是（　　　）。

A. 用高温长时间（如在 200 ℃温度条件下 2 小时）烹煮河豚鱼

B. 不食用鲜河豚鱼，只食用河豚鱼干

C. 不食用河豚鱼和河豚鱼干

二、是非题

1. 烹饪时只要烧熟煮透，就可以杀死所有细菌。　　　　　　　　　（　　　）

2. 在 pH4.6~7.0 的弱酸性或中性食品中细菌很容易生长繁殖。　　（　　　）

3. 所有细菌都需要氧气才能生长繁殖。　　　　　　　　　　　　　（　　　）

4. 烹饪可破坏细菌产生的所有毒素。　　　　　　　　　　　　　　（　　　）

5. 加入酸性物质可以抑制细菌的生长繁殖。　　　　　　　　　　　（　　　）

6. 细菌、病毒都可以在食品中生长繁殖。　　　　　　　　　　　　（　　　）

7. 冷冻或彻底加热均不能杀死寄生虫。　　　　　　　　　　　　　（　　　）

8. 烹饪加热不能破坏食品中的霉菌毒素。　　　　　　　　　　　　（　　　）

9. 冷冻、冷藏可以杀死大多数细菌。　　　　　　　　　　　　　　（　　　）

10. 细菌芽孢对高温、紫外线、干燥、电离辐射和很多有毒的化学物质都有很强的抵抗力，不能生长繁殖，但通常会对人体产生危害。　　　　　　　　　　　（　　　）

11. 细菌芽孢可以重新变为繁殖体状态。　　　　　　　　　　　　　（　　　）

12. 细菌性食物中毒一般在进食后 3 小时内发病。　　　　　　　　　（　　　）

13. 食品如果污染了病原菌，彻底加热后可以保证安全食用。　　　　（　　　）

14. 所有的细菌都是有害的。　　　　　　　　　　　　　　　　　　（　　　）

15. 化学性危害都是食品受到有害化学物质污染引起的。　　　　　　（　　　）

16. 不向过敏顾客提供含过敏原料食品，就能避免过敏的发生。　　　（　　　）

项目3
细菌性食物中毒的预防技术

细菌性食物中毒是餐饮行业发生最多的食物中毒。各种细菌性食物中毒的预防技术大致相同，如果你掌握了这些原则并运用于日常的餐饮管理和厨房烹饪操作中，就能够不让细菌性食物中毒在你的餐饮企业中发生。

学习目标

一、知识目标

✧ 掌握食源性疾病和食物中毒的概念以及两者的区别与联系。

✧ 了解与细菌性食物中毒相关的具有潜在危害的食品、危险温度带、中心温度、交叉污染等概念。

✧ 熟悉餐饮业细菌性食物中毒的特点。

二、技能目标

✧ 能判断餐饮业细菌性食物中毒的常见原因。

✧ 会细菌性食物中毒三大控制预防技术：防止食品受到细菌污染、控制细菌繁殖、杀灭病原菌。

三、情感目标

✧ 通过细菌性食物中毒预防技术的学习，进一步培养食品安全的风险意识，进一步提高食品安全的责任意识。

任务1　食源性疾病和食物中毒

任务要求

1. 熟悉食源性疾病的概念。
2. 掌握食物中毒的概念以及与食源性疾病的关系。
3. 了解与细菌性食物中毒相关的具有潜在危害的食品、危险温度带、中心温度、交叉污染、原料、半成品、成品等概念。
4. 熟悉餐饮业细菌性食物中毒的致病原、中毒食品、中毒季节特点。

情境导入

生吃西红柿等新鲜的时蔬水果是再平常不过的事了。然而，2000年8月在美国中西部和南部30多个州，却有数百人因生食了从超市或是餐馆购买的新鲜西红柿而出现发烧、腹泻、腹痛等食物中毒症状，这些西红柿进口自墨西哥。有几十人因病情严重需住院，甚至已有重症病人死亡。美国疾控中心通过检验发现，吃过这些西红柿的患者检查中都发现了沙门氏菌。看来，这是一起严重的沙门氏菌病疫情（如图3.1 西红柿中的沙门氏菌）。

知识准备

图 3.1　西红柿中的沙门氏菌图

3.1.1　食源性疾病和食物中毒

1）食源性疾病的概念

食源性疾病是指食品中致病因素进入人体引起的感染性、中毒性疾病。

2）食物中毒概念及其与食源性疾病的关系

食物中毒是指食用了被有毒有害物质污染的食品或者食用了含有有毒有害物质的食品后出现的急性、亚急性食源性疾病。

食物中毒是最主要的一类食源性疾病。为通俗起见，本教材以后的内容将两者统称为食物中毒。大多数食物中毒由食物中各种致病的细菌引起。

3.1.2　细菌性食物中毒的相关概念

细菌性食物中毒是指由于进食被细菌或细菌毒素所污染的食物而引起的急性感染中毒性疾病。根据临床表现不同，分为胃肠型食物中毒和神经型食物中毒。胃肠型食物中毒多见于气温较高，细菌易在食物中生长繁殖的夏秋季节，以恶心、呕吐、腹痛、腹泻等急性胃肠炎症状为主要特征。

1）具有潜在危害的食品（原料、半成品、成品）

虽然任何食品都有可能受到污染，但有些食品特别适宜于细菌迅速成长、繁殖和产毒，这类食品被称为具有潜在危害的食品。具有潜在危害的食品通常蛋白质或碳水化合物含量较高，pH值大于4.6且水分活性大于0.85，必须控制温度和时间来防止细菌的生长、繁殖和产毒。

2）危险温度带

危险温度带，即适宜细菌生长繁殖的温度区域，根据我国《餐饮服务食品安全操作规范》的规定，危险温度带为10~60 ℃。由于部分致病菌在5~10 ℃的条件下仍可生长繁殖，因此建议餐饮企业以5~60 ℃作为危险温度带。

3）中心温度

中心温度是指块状及有容器存放的液态食品或食品原料中心部位的温度。中心温度可用食品中心温度计测量。

4）交叉污染

交叉污染是指在食品的生产加工及销售过程中，设备布局及工艺流程不合理，前工序食品的原料、半成品通过食品加工器械、容器及食品加工人员污染了后工序的半成品和成品的生物或化学的污染物相互转移的过程。细菌引起的交叉污染是最常见的交叉污染。

5）清洗与消毒

清洗是指利用清水清除原料夹带的杂质和原料、工用具表面的污物的操作过程。而消毒是用物理或化学方法破坏或除去有害微生物的操作过程，但消毒并不能完全杀灭细菌芽孢。

6）原料、半成品、成品

原料是指供烹饪加工制作食品所用的一切可食用的物质和材料。

半成品是指食品原料经初步或部分加工后，尚需进一步加工制作的食品或原料。

成品是指经过烹饪加工制成的可直接食用的食品，又称即食食品。成品既包括各种熟制品，也包括可直接食用的生食制品，如水果、生食蔬菜、生食水产品。各种只需经分切、分装等不需要加热的简单加工后就能供食用的食品也应按成品进行管理，如待切配的冷菜、待切片的面包、待分装成盒饭的饭菜等。

3.1.3　餐饮业细菌性食物中毒的致病原、中毒食品、中毒季节特点

餐饮业向来是食物中毒的高发行业，我国2000—2006年的食物中毒报告显示，餐饮业食物中毒约占中毒总起数的85%，且具有以下特点（表3.1 餐饮业细菌性食物中毒的致病原、中毒食品及其中毒季节特点）：

表3.1　餐饮业细菌性食物中毒的致病原、中毒食品及其中毒季节特点

致病源	餐饮业食物中毒中80.3%是细菌引起的，各类致病菌是最为主要的致病原。
发生原因	导致细菌性食物中毒的前5位原因包括：交叉污染，加工操作人员带菌污染，未烧熟煮透，熟食品存放时间和温度控制不当，餐具容器和用具不洁。其中，交叉污染占50%以上，是最为主要的发生原因。

中毒食品	餐饮业发生的食物中毒中，因冷菜、盒饭、桶饭导致的占 35.5%。这些是易于发生的高风险品种。
中毒季节	每年第二、第三季度发生的食物中毒分别占全年中毒总数的 29.2% 和 44.3%，是细菌性食物中毒的好发季节。

🧁 学生活动　通过案例分析，了解餐饮业细菌性食物中毒的致病原、中毒食品、中毒季节特点

[参考答案]

从 2000 年 8 月在美国中西部和南部 30 多个州发生的严重的食物中毒案例分析可以看出：这次食物中毒为细菌性食物中毒，由致病原沙门氏菌引起；中毒食品为西红柿、中毒季节在温暖的 8 月，恰好是细菌适宜繁殖的季节。

🍳 任务 2　细菌性食物中毒三大控制预防技术

🧁 任务要求

1. 掌握餐饮业细菌性食物中毒五大常见原因：交叉污染、从业人员带菌、未烧熟煮透、食品贮存温度与时间控制不当、餐具、容器、用具不洁。

2. 掌握细菌性食物中毒三大预防控制技术：防止食品受到细菌污染、控制细菌繁殖、杀灭病原菌。

🧁 情境导入

炎热的夏季是食物中毒的高发季节。2012 年 7 月 21 日，面对我国多起食物中毒事件，国家卫计委发布食物中毒预警，要求各省市集中供餐企业做好细菌性食物中毒和菜豆（又名四季豆）加工不当引起中毒的预防技术宣传。

🧁 知识准备

3.2.1　餐饮业细菌性食物中毒五大常见原因

餐饮业是食物中毒的高发行业，发生在餐饮业的食物中毒往往占整个食物中毒的 3/4 以上，而其中 90% 以上是细菌性食物中毒。细菌性食物中毒的发生原因大致相同，大多数致病菌引起的食物中毒症状基本相似，主要是腹痛、腹泻、恶心、呕吐等急性胃肠炎症状，部分食物中毒病人会发热。餐饮业细菌性食物中毒五大常见原因有：

1）交叉污染

餐饮食品的成品在食用前一般不再加热，一旦受到致病菌交叉污染，极易引发食物中毒。

加工操作过程中如发生以下情况，可能使餐饮成品受到致病菌的交叉污染：

①成品和原料、半成品在存放中相互接触（包括食品汁水的接触）。

②用于成品和用于原料、半成品的容器和工用具混用。

③食品加工操作人员接触原料、半成品后双手未经消毒即接触成品等。

2）从业人员带菌

餐饮食品从业人员手部皮肤有破损、化脓、疖子，或出现呕吐、腹泻等症状便会携带大量致病菌。如果从业人员带病上岗，继续接触食品，且不严格按要求进行手部的清洗消毒，就极易使食品受到致病菌污染，从而引发食物中毒。

3）未烧熟煮透

生的食品即使带有致病菌，通过彻底的烹饪加热可杀死其中绝大部分致病菌。但如果未烧熟煮透就不能彻底杀灭致病菌，如食品烧制时间不足，烹调前未彻底解冻等原因，使食品加工时中心部位的温度未达到 70 ℃，从而引发食物中毒。加工操作过程中如发生以下情况，就可能发生未烧熟煮透的现象：

①烹饪时烧制时间过短。

②下锅的食品未彻底解冻或一锅烧煮量太大，且仍按平常时间烹饪。

③烹饪设备的加热装置部分发生故障，如蒸箱内有个别加热管损坏，但仍按平常的时间烹饪等。

4）食品贮存温度、时间控制不当

如果具有潜在危害的食品在危险温度带（5~60 ℃）的储藏时间超过 2 个小时，食品中的细菌就可能大量繁殖，有的甚至产生耐热性的毒素。餐饮业较容易发生此类问题的情形包括：

①冷藏设施不足或超负荷。

②冷冻食品原料长时间放置在常温下解冻。

③供应宴席时冷菜提前切配并在常温下放置。

④盒饭加工后在常温下保存较长时间。

⑤熟制冷菜在加热烹制后冷却时间过长等。

5）餐具、容器、用具不洁

盛放食品成品的餐具或其他容器清洗消毒不彻底，或者消毒后的餐具受到二次污染，致病菌通过餐具污染到食品，都可以引起食物中毒。

3.2.2 细菌性食物中毒三大预防基本原则

预防各种致病菌引起的餐饮食物中毒的基本原则包括：首先是防止食品受到细菌污染；其次是控制细菌生长繁殖；最后也是最重要的是杀灭病原菌。

1）防止食品受到细菌污染

（1）保持清洁

防止食品受到细菌污染，要保持烹饪加工作业环境、工用具、加工从业人员手部清洁，保持清洁的技术包括：

①保持食品接触表面，如砧板、刀具、操作台等的清洁。

②保持食品加工环境，如厨房地面、墙壁、天花板等的清洁。

③保持从业人员手部的清洁，不仅在操作前及受到污染后要洗手，在烹饪加工食物期间也要经常洗手。

④避免老鼠、蟑螂等有害动物进入库房、厨房和接近食物（如图3.2厨房安全卫生检查）。

图3.2 厨房安全卫生检查

（2）避免交叉污染

防止食品受到细菌污染，避免交叉污染的技术包括：

①冷菜加工要做到"五专"，即专间、专人、专用工具、专用冰箱和专用消毒设备。

②用于食品原料、半成品、成品的容器和工用具要有明显的区分标记，并分开放置。

③从事烹饪原料粗加工或接触食品原料的从业人员不应从事冷菜的加工。

④使用安全卫生的水和食品原料。

⑤选择来源正规、优质新鲜的食品原料。

⑥加工直接入口生食食品（如海蜇、黄瓜、蔬菜色拉等）要使用经反渗过滤的净水。

2）控制细菌繁殖

细菌性食物中毒预防，控制细菌繁殖的技术包括：

①具有潜在危害的食品烹饪加工制作完成至食用的时间超过2小时的，应在危险温度带外的温度条件保存。

②具有潜在危害的食品原料应冷冻或冷藏保存。

③冷冻食品解冻应在5℃以下的冷藏条件或20℃以下的流动水中进行。

④不要过早加工食品，食品制作完成到食用应控制在2小时以内。

⑤熟制冷菜在加工烹制后应快速冷却，尽快通过危险温度带。

⑥生食海产品加工完成至食用的时间间隔不应超过1小时。

⑦冷库或冰箱中的原料、半成品等，贮存时间不要太长，使用时要注意先进先出。

3）杀灭病原菌

（1）烧熟煮透

烧熟煮透的技术包括：

①烹饪食物时，必须使食物中心温度超过70℃，为保险起见，最好能达到75℃并维持15秒以上。

②在危险温度带存放时间超过2小时的菜肴，食用前应确认未变质并彻底加热，使食物中心温度达到70℃以上。

③冷冻食品原料宜彻底解冻后加热，避免出现外熟内生的现象。

（2）严格洗消

严格洗消的技术包括：

①生鱼片和水果，如制作鲜榨果汁、水果拼盘等，应在洗净的基础上进行消毒。

②餐具、接触成品的容器、工用具要彻底洗净消毒后使用。

③接触食品成品从业人员的手部要经常清洗消毒。

当然，预防细菌性食物中毒还应控制食品的加工量。如果超负荷进行烹饪加工，就会出现食品提前加工、设施设备不够用等现象，从而不能严格按保证食品安全卫生的要求进行操作。上述各项控制措施如果难以做到，发生食物中毒的风险就会明显增加。

🧁 学生活动　通过案例分析了解餐饮业细菌性食物中毒五大常见原因

2003 年 4 月 18 日上午 10 时，武汉市某小学六年级部分班级的学生进食课间餐，食物主要为标称"王牌熟食"的袋装豆干和豆奶。1 小时后，130 余名学生相继出现不良症状，主要表现为：发热、头晕、皮肤痒、腹疼等。

讨论：从餐饮业细菌性食物中毒五大常见原因出发，你认为"王牌熟食"豆干细菌总数为何超标了？

[参考答案]

原因分析：经湖北省卫生厅卫生监督局检验，中毒学生进食的"王牌熟食"豆干细菌总数超标 19 倍，由于学校的食品安全管理措施不力，对学生课间餐食品种类、购货渠道等把关不严，导致了该事件的发生。

[思考与练习]

一、选择题

1. 以下哪一类食物中毒在餐饮业中最常见？（　　　）
    A. 化学性食物中毒　　　　　　B. 细菌性食物中毒　　　　　C. 真菌性食物中毒
2. 可能发生细菌性食物中毒的原因有（　　　）。
    A. 生熟食品容器、工用具混用
    B. 食物原料烹饪前未彻底解冻
    C. 以上都是
3. 细菌性食物中毒的好发季节为每年（　　　）。
    A.1—4 月　　　　　　　　　　B.5—10 月　　　　　　　　　C.11—12 月
4. 餐饮业细菌性食物中毒最常见的原因是（　　　）。
    A. 交叉污染　　　　　　　　　B. 食品未烧熟煮透　　　　　　C. 熟食贮存不当
5. 以下哪项不是预防细菌性食物中毒的原则？（　　　）
    A. 防止食品受到细菌污染　　　B. 控制细菌生长繁殖　　　　　C. 杀灭所有细菌
6. 手部皮肤有破损、化脓、伤口，最有可能携带（　　　）。
    A. 沙门氏菌　　　　　　　　　B. 金黄色葡萄球菌　　　　　　C. 肉毒杆菌
7. 以下哪种食品在贮存中需要控制温度、时间？（　　　）
    A. 生的咸肉　　　　　　　　　B. 熟的咸鸡　　　　　　　　　C. 生的腊肉。
8. 以下哪种食品在贮存中不需要控制温度、时间？（　　　）
    A. 生鸡蛋　　　　　　　　　　B. 豆腐　　　　　　　　　　　C. 鱼干

9. 以下哪种方法不能进行有效地消毒？（   ）

    A. 热水冲洗   B. 蒸汽或煮沸   C. 消毒液浸泡

10. 以下哪种食品应按成品对待？（   ）

    A. 待调味的海蜇头   B. 待加工的烤鸭胚   C. 仓库内的咸烤虾

11. 以下哪种情形不符合食品安全要求？（   ）

    A. 餐具经清洗后盛装冷菜

    B. 在专用冰箱内存放冷菜

    C. 在专门区域进行分餐操作。

12. 以下哪项措施不能最大限度地杀灭食品中或容器、工用具表面的致病菌？（   ）

    A. 彻底加热   B. 严格消毒   C. 彻底清洗

13. 以下哪种做法可能导致交叉污染？（   ）

    A. 冰箱的不同冰室内同时存放生肉糜和蔬菜沙拉

    B. 设专门场所，集中存放所有的食品容器和餐具

    C. 厨师双手严格清洗消毒后从事宴会分餐活动

二、是非题

1. 中心温度是指块状食品中心部位的温度。   （   ）

2. 消毒能够杀死所有的细菌。   （   ）

3. 餐饮业食品烹饪加工制作过程中，最常控制的影响细菌繁殖的因素是温度和时间。

                                                                  （   ）

4. 餐饮业最常见的食物中毒是细菌性食物中毒。   （   ）

5. 食品未烧熟煮透是餐饮业食物中毒发生的最主要原因。   （   ）

6. 用于食品原料、半成品、成品的容器和工用具要有明显的区分标记，并分开放置。

                                                                  （   ）

7. 低温能彻底杀灭微生物，所以冰箱可用来保鲜食品。   （   ）

8. 食品冷却时应尽快通过危险温度带。   （   ）

9. 预防细菌性食物中毒最有效的措施是保持干净。   （   ）

10. 咸肉、火腿属于具有潜在危害的食品。   （   ）

项目4
餐饮厨房食品安全管理方法

有效的食品安全自身管理是保证餐饮酒店厨房食品安全的基础。如何开展餐饮酒店厨房食品安全管理？餐饮酒店厨房食品安全管理的前提是什么？餐饮酒店发生食物中毒后如何按照国家法定要求处置？项目4将解决这些问题。

学习目标

一、知识目标

✧ 了解餐饮厨房食品安全管理的概念及餐饮酒店领导层的重视和认识的重要性。

✧ 熟悉餐饮酒店食品安全机构设置。

✧ 掌握餐饮厨房食品安全管理的基本程序。

✧ 了解餐饮酒店食品安全投诉处理的基本要求。

二、技能目标

✧ 会保证厨房食品安全的基本管理方法。

✧ 能制定餐饮厨房食品安全管理制度。

✧ 会开展餐饮厨房食品安全培训。

✧ 能够对餐饮食物中毒进行初步处理。

三、情感目标

✧ 通过餐饮食品安全管理方法的学习，进一步培养学生的酒店意识，提高对顾客的食品安全责任意识。

任务1　厨房食品安全管理及有效开展的前提

任务要求

1. 了解餐饮厨房食品安全管理的概念。
2. 会保证餐饮厨房食品安全的管理方法。
3. 熟悉餐饮厨房有效食品安全管理的前提。
4. 了解餐饮酒店领导层对食品安全管理的重视和认识的重要性。
5. 熟悉餐饮酒店食品安全管理机构和人员的设置。
6. 熟悉餐饮酒店食品安全管理工作小组的设立方法。
7. 掌握餐饮厨房食品安全管理设备的配备。

情境导入

望湘园是一家专门经营中端精品湘菜的餐饮企业。公司秉承以"食"为尊的理念，在快速发展的过程中，逐渐认识到食品安全对于餐饮企业长远发展的重要性，食品安全是餐饮的大事，是企业生存的根本。望湘园自2011年开始，实行了食品安全标准化规范管理，针对酒店各岗位员工制定了《食品安全操作指引》手册，为督促员工进行消毒工作实施了闹铃提醒的措施，建立了完善的培训及考核机制，极大地减少了由人为因素引起的食品安全问题。通过"标准化规范管理"及"飞检"项目的开展，在酒店食品安全保障方面取得了很大的进展。在严格的执行过程中，不断提升员工食品安全意识与操作技能，餐厅服务水平整体提升。同时，后厨卫生得到了很好地改善，食品安全卫生达标率达到90%。望湘园还将持续加大对原料食品安全管理，并规划"透明化厨房"，以加大对食品安全的管理，实现企业长期、稳定的发展。

知识准备

4.1.1　餐饮厨房食品安全管理

餐饮食品中的各种危害，餐饮业食物中毒的预防原则以及在餐饮食品加工操作中保证食品安全的一些要求，是每一位食品从业人员都应该知晓的。那么，餐饮厨房如何开展食品安全管理，以保证这些原则和要求能够得到很好地执行呢？

1）餐饮厨房食品安全管理概念

餐饮厨房食品安全管理是指在餐饮厨房中为保证食品安全而开展管理措施的过程。如检查食品加工操作卫生、设备状况，组织员工体检，开展培训，对烹饪菜点成品卫生检验等。

2）保证餐饮厨房食品安全的管理措施

由于餐饮食品即时消费的特点，餐饮厨房食品安全管理的重点应是围绕对食品加工过程的监控。保证餐饮厨房食品安全的管理措施包括：

①检查食品加工、供应过程中各工序、各环节的卫生状况，制止并纠正不符合食品安全卫生要求的行为。

②检查厨房硬件设施是否正常运转，是否保持完好、清洁。

③组织开展厨房从业人员的食品安全法律和知识培训。

④组织厨房从业人员进行健康检查和每日健康报告，督促患病从业人员调离。

⑤开展餐饮食品安全检验。

4.1.2　厨房有效食品安全管理的前提

1）酒店领导层的重视和认识

（1）酒店领导层的重视和认识的重要性

厨房食品安全管理工作能否得到真正落实，首先取决于餐饮酒店的领导层是否真正重视和认识到这一工作的重要性。有些领导在口头上十分重视食品安全工作，但在与酒店的经济利益发生冲突时，受到忽视的经常是食品安全，如食品供应量超过酒店厨房的加工能力时，往往不会考虑到减少供应量以保障食品安全，从而导致食物中毒的发生。因此，酒店领导层对于食品安全的重视是十分重要的。

（2）酒店领导层的重视和认识的体现

图 4.1　餐饮从业人员食品安全考试

餐饮酒店领导层对食品安全的重视和认识的体现表现在以下几个方面：

①建立包括企业领导层、部门负责人、普通员工和食品安全管理人员的食品安全管理网络，明确网络中各成员的责任。

②赋予酒店食品安全管理人员在食品安全管理方面足够的权力。

③制定本酒店的食品安全政策和目标，营造酒店人人重视食品安全的良好氛围。投入足够的资金用于酒店的食品安全工作，包括企业硬件设施、人员培训、管理设备等。在任何时候，尤其是食品安全与经济利益发生冲突时，将食品安全放在首位（如图 4.1 餐饮从业人员食品安全考试）。

2）酒店食品安全管理机构和人员的设置

餐饮酒店食品安全管理机构和人员是酒店各项食品安全管理工作的具体实施者，根据餐饮酒店规模和经营特点，可设置专职和兼职食品安全管理岗位和人员。

应设专职食品安全管理岗位与人员的餐饮酒店是：大型饭店、集体用餐配送单位、中央厨房。餐饮酒店专设的食品安全管理部门，应受酒店领导层直接管理，食品安全管理人员有直

图 4.2　食品安全日常检查

接对酒店领导层进行汇报的权力，使食品安全管理工作尽可能少受其他部门的影响，更好地发挥酒店内部管理的作用。

兼职食品安全管理岗位和人员可以构建在各相关部门，如原料采购、厨房加工和餐厅服务等，由各部门共同行使管理职责（如图 4.2 食品安全日常检查）。

酒店食品安全管理人员除应掌握各种食品安全管理知识外，还应有食品安全管理经验，参加过食品安全管理人员培训并经考核合格，有餐饮从业人员健康合格证，同时，还具备敢于管理、善于交流的素质。

3）酒店食品安全管理工作小组的设立方法

食品安全管理是一项涉及餐饮酒店内各个部门的工作，除设置专门的管理部门外，还应设立由各个部门参加的食品安全管理小组，定期讨论解决食品安全管理中的各项具体措施。

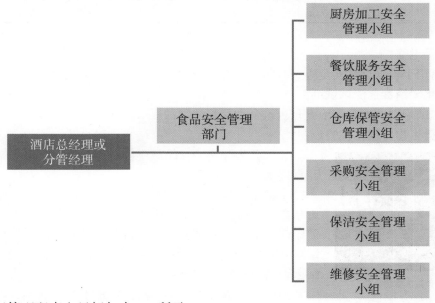

各部门管理职责和目标如表 4.1 所示。

表 4.1　餐饮厨房各部门管理职责和目标

部　门	管理职责	管理目标
酒店总经理或分管经理	总体管理、政策规定、资金投入，提供设施和培训	制定酒店总体目标，以及年度、季度等中期目标
食品安全管理机构和管理人员	培训、检查、督促遵守规范	制定酒店总体目标实施具体方案，以及年度、季度等中期目标实施具体方案
部门负责人和检查人员	本部门内部管理和检查	各部门制定短期具体目标，工作可以分解到月度、星期
普通员工	规范加工操作，包干区域卫生，自我检查	员工自定每月、每周、每天的工作计划和安排

必须特别注意的是：在任何有餐饮食品加工操作的时间与空间里，都应有酒店食品安全管理人员在现场，使食品安全控制措施真正落到实处。

4）厨房食品安全管理设备的配备

餐饮酒店食品安全管理工作经常需要用一些数据与事实来证明食品安全是否得到了保证，这些数据与事实依赖于以下食品安全设备与设施：

（1）温度计

包括测量食品中心温度、厨房环境温度的各类温度计。温度计应定期校验，以保证温度测量的正确性（表 4.2 厨房用温度计及其适用范围）。

表 4.2　厨房用温度计及其适用范围

温度计	适用范围
中心温度计	测量食品的中心温度（如冷冻、冷藏、热加工时及加工后）
厨房环境温度计	测量厨房及食品存放环境的温度（如冷库、冰箱、冷菜间等专间）

（2）手电筒

手电筒用于餐饮食品安全检查时照亮各类厨房设施，如排水沟、天花板、加工设备下部等。

（3）化学消毒剂测试试纸

用于测试配制的消毒液浓度是否符合食品安全消毒要求。

（4）微生物与理化检验设备

图 4.3　食品微生物检验

图 4.4　食品微生物检验手段

图 4.5　食品理化检验

餐饮酒店开展的食品微生物与理化检验一般包括食品成品和直接入口食品表面。

①微生物检验。餐饮食品微生物检测是运用微生物学的理论与方法，检验食品中微生物的种类、数量、性质及其对人的健康的影响，以判别食品是否符合食品安全质量标准的检测方法。食品微生物检验项目主要为细菌菌落总数、大肠菌群两项。细菌菌落总数是反映食品的一般性污染的指标，大肠菌群反映人和温血动物粪便的污染，这两项都不是致病菌，均为食品指示菌。但大肠菌群与大部分致病菌的生长条件相似，因此直接入口食品表面检出大肠菌群表明可能受到了致病菌的污染。污染途径包括：餐具、直接入口食品加工工具、设备接触面、专间操作台面及专间操作人员双手等（如图 4.3 食品微生物检验）。

餐饮食品微生物检验的方法有：棉签法、载片法、ATP 荧光法等。

由于大部分微生物检验需要经过一天甚至更长时间才能得到结果，因此传统的微生物检验并不能作为食品安全快速有效的控制措施，它只是对各种食品安全措施是否真正起到作用的一种科学检验手段（如图 4.4 食品微生物检验手段）。

②理化检验。餐饮食品理化检验是指借助物理、化学的方法，使用某种理化测量工具或仪器设备对食品进行的检验。主要检验项目有：食品的化学性污染（如重金属、食品添加剂等）、农药残留、瘦肉精等（如图 4.5 食品理化检验）。

食品理化检验的方法有：原子吸收分光光度法、气相色谱法、液相色谱法、化学滴定法等。

学生活动　讨论餐饮酒店厨房食品安全管理的主要工作

[参考答案]

餐饮酒店食品安全管理的主要工作包括：检查操作卫生，检查设备情况，组织餐饮员工体检，开展食品安全培训，进行食品微生物与理化检验等。

任务 2　厨房食品安全管理制度和安全培训

任务要求

1. 了解餐饮厨房食品安全管理制度的制定方法。
2. 熟悉酒店厨房内部食品安全检查方法。
3. 熟悉开展餐饮厨房食品安全培训的法定要求。
4. 掌握餐饮酒店食品安全投诉处理方法。
5. 掌握餐饮厨房食品安全管理中的记录要求。

情境导入

广东中山市海港城海鲜大酒楼为全方位统筹管理餐厅食品安全的各个环节，以人为本，提高餐厅服务品质，餐厅内外兼顾，实施了"餐厅食品安全人才管理战略"项目。一方面，餐厅与高校进行校企合作，持续为餐厅输送管理人才；另一方面，严格执行"五常法管理"，制成《酒店五常法手册》，规范指导餐厅日常工作。在五常法指导下，餐厅人员针对食品原料管理、厨房设备管理以及环境清洁等环节遵守五常法"常组织、常整顿、常清洁、常规范、常自律"的原则，严格执行包括食品原料标签、贮存规范、加工规范、清洁规范、日常工作自省与审查制度。通过有效执行"五常法"管理造就酒店安全、舒适、明亮的工作环境并培养良好的工作习惯，呈现良好的服务意识，改善酒店的环境卫生，保证食品卫生，降低经营成本，提高工作效率，提升酒店形象。

知识准备

4.2.1　厨房食品安全管理制度的制定

食品安全管理制度是餐饮酒店为保证食品安全制定的各类管理要求的总称，是酒店开展食品安全的重要手段。

1）法规要求

《中华人民共和国食品安全法》第三十二章规定：食品生产经营企业应当建立健全本单位的食品安全管理制度，加强对职工食品安全知识的培训，配备专职或兼职食品安全管理人员，做好对所生产经营食品的检验工作，依法从事食品生产经营活动。

我国《餐饮服务食品安全操作规范》第九条规定：

①制定食品安全管理机构和人员职责要求。

②建立健全食品安全管理制度，明确食品安全责任，落实岗位责任制。

③制订食品安全检查计划，明确检查项目及考察标准，作好检查记录。

④承担法律、法规、规章、规范、标准规定的其他职责。

餐饮食品安全管理制度主要包括：

①从业人员健康管理制度和培训管理制度。

②厨房加工经营场所及设施设备清洁、消毒和维修保养制度。

③食品、食品添加剂、食品相关产品采购索证索票、进货查验和台账记录制度。

④关键环节操作规程，餐厨废弃物处置管理制度。

⑤食品安全突发事件应急处置方案,投诉受理制度以及食品药品监管部门规定的其他制度。

2）厨房食品安全管理制度制定注意事项

图 4.6 三个和尚没水喝

餐饮厨房食品安全管理制度制定应注意：

①制度应与实际操作条件相符，具有可操作性和适用性。

②制度在制定中可以和其他要求相结合，可以既包括工艺要求，又包括食品安全要求。

③制度要强调岗位责任,制度中每项工作都应有明确的责任人员，如执行人和检查人，描述要清楚、准确、到位（如图 4.6 三个和尚没水喝）。

4.2.2 酒店内部食品安全检查方法

餐饮酒店内部食品安全检查的目的是促使酒店各项食品安全制度得到落实。检查项目主要包括环境卫生、食品采购与贮存、食品生产经营过程、餐饮具卫生、个人卫生与健康等 8 个方面 29 项通用自查项目。

1）制订检查计划

要根据餐饮酒店自身的特点、食品安全的关键环节，有针对性地制订检查计划。计划中应包括：

①检查项目。

②检查时间。

③检查频率。

④检查标准。

⑤发现问题后应采取的应对措施。

⑥今后应采取的防范措施。

⑦检查和处理结果的记录等。

检查项目与内容如表 4.3 所示。

表 4.3 餐饮厨房食品安全关键环节检查表

检查项目	检查具体内容	评价结果
环境卫生	厨房内墙壁、天花板、门窗等是否有涂层脱落或破损	

检查项目	检查具体内容	评价结果
环境卫生	食品生产经营场所是否整洁	
	防蝇、防尘、防鼠措施是否有效	
	废弃物处理是否符合要求	
食品生产经营过程	加工用设施、设备工具是否清洁	
	食物热加工中心温度是否 ≥ 70 ℃	
	10~60 ℃存放的食物，烹饪后至食用前存放时间是否未超过 2 小时；存放时间超过 2 小时的食用前是否经充分加热	
	用于原料、半成品、成品的容器、工具是否明显区分，存放场所是否分开、不混用	
	原料、半成品、成品存放是否存在交叉污染	
	专间操作是否符合要求	
餐饮具、直接入口食品容器	使用前是否经有效清洗消毒	
	清洗消毒水池是否与其他用途水池混用	
	消毒后餐具是否贮存在清洁专用保洁柜内	
个人卫生	从业人员操作时是否穿戴清洁工作衣帽，专间操作人员是否规范佩戴口罩	
	从业人员操作前及接触不洁物品后是否洗手，接触直接入口食品前是否洗手、消毒	
	从业人员操作时是否有从事与食品无关的行为	
	从业人员是否留长指甲或涂指甲油、带戒指	
	从业人员上厕所前是否在厨房脱去工作服	
个人健康	从业人员是否取得有效健康培训证明后上岗操作	
	从业人员是否有有碍食品卫生的病症	
食品采购	是否索取销售发票，批量采购是否索取卫生许可证、卫生检验检疫合格证明	
	食品及原料是否符合食品安全要求	
食品贮存	库房存放食品是否离地隔墙	
	冷冻、冷藏设施是否能正常运转，贮存温度是否符合食品安全要求	
	食品贮存是否生熟混放	
	食品或原料是否与有毒有害物品存放在同一场所	
违禁食品	是否生产经营超过保质期的食品	
	是否生产经营腐败变质食品	
	是否生产经营其他违禁食品	

2）检查制度落实情况

酒店食品安全检查制度落实情况包括：

①要求每名员工上下班前后安排的食品安全工作是否完成，部门及酒店食品安全管理人员进行抽查。

②根据每次抽查结果，评出优秀示范部门和岗位，并在酒店内公示。

③设置展示酒店食品安全管理的墙报，张贴管理前后的照片效果对比。

④酒店食品安全检查中发现的问题应及时寻找原因，制定和实施改进措施并进行复查。

4.2.3　开展厨房食品安全培训的法定要求

1)《中华人民共和国食品安全法实施条例》第二十二条

《中华人民共和国食品安全法实施条例》第二十二条规定：食品生产经营企业应当依照食品安全法第三十二条的规定组织职工参加食品安全知识培训，学习食品安全法律、法规、规章、标准和其他食品安全知识，并建立培训档案。

2)《餐饮服务食品安全监督管理方法》第十一条

《餐饮服务食品安全监督管理方法》第十一条规定：餐饮服务提供者应当依照《食品安全法》第三十二条的规定组织从业人员参加食品安全培训，学习食品安全法律、法规、标准和食品安全知识，明确食品安全责任，建立培训档案。应当加强专（兼）职食品安全管理人员食品安全法律法规和相关食品安全管理知识的培训。

3)《餐饮服务食品安全操作规范》第十四条

《餐饮服务食品安全操作规范》第十四条人员培训要求规定：

①从业人员(包括新参加和临时参加工作的人员)应参加食品安全培训,合格后方能上岗。

②从业人员应按照培训计划和要求参加培训。

③食品安全管理人员原则上每年应接受不少于40小时的餐饮服务食品安全集中培训。

4)《餐饮服务食品安全管理人员培训管理方法》第十四条

《餐饮服务食品安全管理人员培训管理方法》第十四条规定：申请人申请《餐饮服务许可证》时，应提交餐饮安全管理人员有效培训合格证明。

4.2.4　厨房食品安全培训的开展

图 4.7　食品安全讲授法培训

厨房食品安全培训就是教会餐饮厨房从业人员如何正确地进行食品安全操作。但实际上，培训还包含了很多的需要解决的食品安全问题和要求。开展厨房食品安全培训工作可能会存在许多障碍：

①酒店管理层对厨房从业人员的培训不够重视，但需要指出的是，厨房食品安全培训是保障酒店食品安全最为有效的手段。

②厨房从业人员因劳动强度大、工作时间长，按照食品安全要求操作可能会增加工作量。

③厨房从业人员认为按原来的工作习惯进行操作从不出事，不愿改变。

④部分厨房从业人员受教育的程度低，不能完全理解食品安全培训的要求，或者本身就有不良的卫生习惯。

因此，酒店食品安全管理员应了解对厨房从业人员进行培训时存在的这些障碍，以便在酒店食品安全培训时采取能够达到最佳效果的手段（如图4.7食品安全讲授法培训）。

1）培训成本和得益

酒店厨房食品安全培训是一项耗费时间和财力的工作。确实对厨房从业人员的食品安全培训要取得实效需要经过相当长的时间，录像、书籍、宣传单等各种培训手段也需要一定的投入。但是从长远来看，培训的这些投入将会得到回报。酒店厨房食品安全培训的益处包括：

①避免因发生餐饮食物中毒而带来的酒店经济损失，包括处罚、赔偿、歇业等。

②营造酒店食品安全氛围，提高员工的信心。

③安全的食品将增加顾客对酒店的满意度，提升餐饮酒店的营业额。

2）厨房食品安全培训的实施

（1）明确培训需求

厨房员工的食品安全培训需求是开展有效培训的第一步，培训需求对于酒店厨房新的员工可能较为清晰，但对于老员工来说有时可能就不太明确。要明确食品安全培训的需求，可以通过：

①测试他们的食品安全知识。

②观察他们的食品烹饪加工操作过程。

③向他们提问。

对于餐饮酒店来说，所有的员工都需要掌握一些基本食品安全知识，而更进一步的知识则是应根据不同的操作岗位的针对性内容，如所有的从业人员都要知道如何正确的洗手，而如何掌握烹饪温度则只需厨师知晓即可。

（2）有效开展食品安全培训的四要素

有效的酒店食品安全培训应围绕"短、简、小、实"4个要素开展，培训时不仅要告诉厨房从业人员食品安全做什么，而且要告诉他们为什么要这样做，使他们能够自觉的遵守各项卫生要求。

短，即短时，这是酒店厨房食品安全培训的基本要求，厨房受教育不多的人每次接受培训集中注意力的时间不会超过15分钟，因此，厨房食品安全培训应经常、短时地进行。

简，即简洁，厨房食品安全培训过程中应注意使用简单易懂的语言，尽可能避免专业用语。培训者应牢记培训的目标是使厨房从业人员能够在理解的基础上学会食品安全的操作技能。

小，即小型，组织人数较少的厨房食品安全培训有两个好处：一是使厨房食品安全培训能够更加针对某操作岗位进行；二是便于听讲的人提问和互相讨论。

实，即实例，通过实例可以更加清晰地告诉厨房从业人员，为使食品安全健康，在食品烹饪加工过程中，什么是正确的，什么是错误的，让从业人员明白应遵守的食品安全标准。当然，也可以用错误行为造成的后果来教育厨房从业人员。

图 4.8　餐饮礼仪规范

（3）设定食品安全学习目标

确定了厨房食品安全培训需求后，就要设定食品安全学习的目标，即希望厨房从业人员经过培训后能够掌握的知识与技能，学习目标必须在厨房食品安全培训前就明确提出，并且该目标的达到与否应能够进行检查。如：

①演示正确使用探针式温度计测定食品中心温度的方法。

②列出至少5种具有潜在危害的食品（如图4.8 餐饮礼仪规范）。

（4）选择厨房食品安全培训方法

厨房不同岗位的员工、不同的操作环节适宜用哪些方法进行食品安全培训，可能需要不断在实际的培训中进行总结才能知道。把各种方法结合起来，往往能够起到较好的效果。

①授课。授课是最常用的食品安全培训方法之一，为使授课的效果更好，最好能和其他形式的培训相结合，如录像、演示等。开展食品安全授课培训的一些技巧有：

A. 以一些有趣的食品安全问题、现象或者提法开始讲课。

B. 运用食品安全相关的实例、统计数据和逸闻。

C. 运用幽默的授课语言。

D. 经常就食品安全问题进行授课提问，激发受培训者的思路。

E. 分组进行讨论。

图4.9　食品安全操作规范演示法培训

食品安全授课培训要受到良好的效果，最好要把讲课和交流结合起来。除了讲课外，还应该和被培训者进行交流互动，这样才能知道食品安全培训的效果到底如何（如图4.9 食品安全操作规范演示法培训）。

②演示。演示就是在厨房从业人员面前示范正确的食品安全操作方法，进行厨房食品安全演示培训要注意：

A. 演示前应对本项食品安全操作中可能存在的危害因素进行通俗地解释。

B. 演示时要强调正确食品安全操作的关键点，必要时可以指出常见的错误食品安全操作方式。

C. 演示时应讲解规范的食品安全操作顺序。

D. 食品安全操作演示的速度要慢，要把细节演示清楚。

E. 询问被培训者是否看清了演示。

F. 演示后可以让厨房从业人员按照演示进行模拟食品安全操作。

③操作提示。操作提示，即在实际食品安全操作的场所，以图片、文字等形式设置规范食品安全操作方法的标示。食品安全操作提示能够直观地告诉厨房从业人员，应该按照什么样的食品安全要求进行操作。在诸如洗手、餐具清洗等工序中，操作提示特别有效、同样有效的还包括：

A. 频繁操作的食品安全工序。

B. 复杂的食品安全工序。

C. 对顺序要求较高的食品安全工序。

D. 犯错的后果十分严重的食品安全工作（如图4.10 操作规范培训鼓励法）。

④食品安全录像、图片、宣传单。这些方法的优点包括：

A. 能够做到食品安全标准化。

图4.10　操作规范培训鼓励法

B. 在任何时候都能得到。

C. 被培训者的学习较为自由。

D. 被培训者能够对照反复练习。

E. 在厨房员工经常逗留的场所（如更衣室、食堂）布置图片、宣传单能够营造酒店重视食品安全的氛围。

⑤岗边培训。食品安全岗边培训的优点包括：

A. 可以很快了解被培训者存在的食品安全操作习惯问题。

B. 能够针对被培训者的特点进行食品安全培训。

C. 培训后能够立即让被培训者进行食品安全操作，以便了解培训是否达到效果。但是，岗边培训通常是一对一进行，其缺点是：占用较大的食品安全培训资源，因此一般是在进行内部检查的同时，针对个别需立即纠正的食品安全问题开展，不宜大规模进行（如图 4.11 食品安全岗边培训）。

图 4.11　食品安全岗边培训

（5）选择食品安全培训教材

选择食品安全培训教材时应注意以下 3 个方面：

①准确。食品安全培训教材中的内容必须实际、准确和完整。

②合适。食品安全培训教材中的内容必须合适于厨房从业人员培训对象，如针对教育程度较低的厨房从业人员的食品安全教材就应该浅显易懂，并且采用多种食品安全培训的方法。

③有吸引力。要开展有效的食品安全培训，首先必须吸引被培训者，包括食品安全培训教材的内容和形式都应能引起被培训者的注意。

（6）制订食品安全培训计划

制订食品安全培训计划时应考虑：

①食品安全培训对象是哪些人员？年龄范围是多少？实际工作经验如何？受教育的程度如何？对食品安全培训内容是否了解？兴趣爱好是什么？

②培训目标，通过培训，希望培训对象应该知道些什么食品安全问题？能够掌握哪些食品安全操作技能？

③培训教具，食品安全培训过程中，不要期望能够在短时间内一蹴而就，因为要改变厨房从业人员的观念和习惯不是一件简单的事情。培训中为了有助于交流，可以提出一些能引起听者共鸣的食品安全问题，以便和厨房从业人员一起从具体食品烹饪加工操作的角度出发进行讨论。

④选择食品安全培训地点时应考虑以下因素：较为舒适，不要过分拥挤。除岗边培训外，最好能有桌椅以便于记录。固定的食品安全培训地点应有黑板、电视、录像机、投影仪等设备，有利于进行食品安全学习后讨论交流。

（7）准备和实施食品安全培训

食品安全培训工作必须要有良好的沟通技能和组织能力，一名成功的食品安全培训者必须是：

①拥有全面的食品安全知识。

②精心准备食品安全培训内容，使用简单的培训语言。

③认真对待提出的每一个食品安全问题。

④注意观察被培训者是否有不明白或失去兴趣。

⑤保持课程的短小精悍。

⑥培训的内容和被培训者的日常食品安全操作要紧密结合。

3）食品安全培训效果评价

厨房食品安全培训的最终目的是希望从业人员掌握食品安全要求，预防餐饮食物中毒的发生。因此，在评价经过食品安全培训的厨房从业人员是否达到这一期望目标，除了考核他们食品安全知识的掌握程度以外，更为重要的是日常的工作中检查他们的操作行为是否符合食品安全规范要求，否则即使知识掌握得再好也只是知晓了理论。所以，检查厨房从业人员食品安全操作过程的规范程度，是考核食品安全培训效果的重点。

4.2.5　餐饮酒店食品安全投诉处理

图 4.12　我是食品安全警察

餐饮酒店食品安全投诉的后面可能还隐藏着数十甚至上百个潜在的投诉或不满，因此对每个食品安全投诉都必须予以足够的重视，妥善进行处理，并防范类似食品安全问题的再次出现。解决消费者食品安全投诉事件本身并不是最终目的，防止类似问题的再次发生才是食品安全管理的目标（如图 4.12 我是食品安全警察）。

1）食品安全投诉管理制度

应建立完善的食品安全投诉管理制度。内容包括：食品安全投诉的受理接待部门、管理权限、处理程序和处理方式，处理方式又包括投诉的分类统计和调查、分析并制定对策、对消费者的反馈以及预防再发生食品安全事件的措施等内容。

2）受理食品安全投诉要求

明确受理食品安全投诉的要求。任何食品安全投诉，无论开始时是否能确定是本酒店的原因，都必须先受理并记录下来，要详细了解并记录消费者食品安全投诉的要点。例如，发生了什么食品安全事件？何时发生的？当时的服务人员是谁？消费者真正不满意的食品安全原因是什么？消费者希望以什么方式解决等。

3）追查食品安全事件的原因

要立即追查食品安全事件的原因。受理食品安全投诉后要在最短时间内作出反应，对投诉的食品安全问题开展调查，食品安全管理机构和管理人员负责开展独立而不受干扰的调查，以便找出发生的食品安全事件原因（如图 4.13 食品安全事件原因追查）。

图 4.13　食品安全事件原因追查

4）建立食品安全防范机制

要有系统防范食品安全事件发生的机制，针对消费者食品安全投诉反映出来的自身存在的食品安全隐患，应采取切实可行的食品安全"制度性"防范措施并督促落实。

4.2.6　厨房食品安全管理中的记录要求

厨房食品安全管理中记录的目的就是监督具体操作人员在实际厨房食品烹饪加工工作中自觉地执行食品安全操作规范和制度，无论食品安全管理人员是否在场。所以，作好厨房食品安全管理记录也是一种餐饮酒店厨房食品安全管理的具体措施。

1）记录方式

（1）记录内容

厨房食品安全管理中记录内容包括：厨房原料采购验收、烹饪加工操作过程关键项目、卫生检查情况、人员健康状况、教育与厨房食品安全培训情况、食品留样、检验结果及投诉情况、处理结果、发现食品安全问题后采取的措施等都应予以记录。

（2）记录要求

厨房食品安全管理中记录要求包括：

①各项食品安全记录均应有执行者和检查者的签名。

②厨房各岗位负责人或酒店食品安全管理人员应检查核实记录的内容，一旦核查时发现异常情况，应立即督促有关人员采取食品安全纠正措施，能处理的立即加以处理，不能处理的按岗位职责及时上报酒店相关部门。

2）记录保存年限

各种厨房食品安全管理记录应保存不少于 2 年，保存记录的目的是便于定期对既往的食品安全状况进行阶段性分析和评估，为持续改进和提高餐饮酒店厨房食品安全工作提供参考。

🧁学生活动　模拟处理一起餐饮酒店食品安全投诉

2004 年 7 月，浙江某市发生一起因食用刺身金枪鱼而感身体不适的食品安全投诉，请问如何处理？

[参考答案]

先受理投诉并记录下来，要详细了解消费者投诉的要点。

①能否确定是本酒店刺身金枪鱼造成的？

②何时在何餐厅发生的？

③当班的服务人员是谁？

④消费者因食用刺身金枪鱼而感身体不适的表现如何？

⑤消费者希望以什么方式解决食品安全投诉？

金枪鱼（如图 4.14　金枪鱼）是一种青皮红肉鱼，由于贮存条件（必须低温保鲜）与时间（不能长期保存）的关系，会导致鱼体中的组氨酸分解成组胺。食用后数分钟至数小时会使人体感觉皮肤潮红，斑疹或荨麻疹，结膜充血，头疼，头晕，心跳呼吸加快等食物中毒症状。

图 4.14　金枪鱼

任务 3　发生食物中毒的处理方法

任务要求

1. 了解餐饮酒店发生食物中毒后的处理方法。
2. 掌握餐饮酒店发生食物中毒后处理的法定要求。

情境导入

　　1996 年夏季某日下午 3 时左右，某地陆续发生以腹痛、呕吐、腹泻及发烧为主要症状的食物中毒患者，发病人数共达 50 人。FDA 调查发现是因为参加在某大酒店举行的庆功宴上食用了一道酸辣葱油海蜇拌黄瓜丝冷菜所致。在可疑食物及病人粪便中均未分离出沙门氏菌、葡萄球菌，但在食盐培养基中分离出大量副溶血弧菌。在进一步的烹调加工过程调查中得知：该酒店厨师于前一日晚取黄瓜冲洗，用当天切过黄鱼的砧板，将黄瓜切成丝，放于盆内，盖上纱罩，置于室温 27～28 ℃的厨房内过夜，次日做酸辣葱油海蜇拌黄瓜丝。进一步追问厨师得知，当时买来的黄瓜曾放在放过海蟹的筐内用水冲洗。

知识准备

4.3.1　餐饮酒店有关食物中毒处理的法定要求

　　按照《食品安全法》的规定，应当制定食物中毒等食品安全事故的处理方案，定期检查各项防范措施的落实情况，以消除事故隐患。但如果因各种原因导致餐饮酒店发生了食物中毒，就必须积极地面对所发生的事件，采取以下措施配合政府食药监部门做好调查和善后工作，食药监部门可以责令食品生产经营企业召回、停止经营并销毁可能造成食物中毒的食品。

1）制定食物中毒安全事故处置方案

　　餐饮酒店一旦发生食物中毒或疑似食物中毒事件，应立即停止餐饮食品供应，防止事故扩大，封存导致食物中毒或可能导致食物中毒的食品，保护好事故现场，绝不能故意破坏现场，毁灭有关证据，掩盖事实真相。餐饮酒店发生食物中毒后，应立即向酒店食品安全领导小组报告，成立应急救援小组并启动应急救援程序。

（1）食物中毒应急抢救

　　对食物中毒病情较重者，应立即拨打 120，请求急救中心进行救援。对食物中毒病情较轻者，组织人员陪同送往就近医院治疗，并办理有关治疗或住院手续。

（2）食物中毒现场处置

　　餐饮酒店食品安全领导小组接到报告后，现场处置应做到：

　　①及时向当地食药监部门报告，同时要详尽说明发生食物中毒事件的单位名称、地址、

时间、中毒人数、可疑食物等有关内容。

②如果可疑食品还没有吃完，应立即包装起来，标上"危险"字样，并冷藏保存，特别是要保存好污染食物的包装材料和标签，如罐头盒等。

③立即封闭厨房各加工间，待食药监部门调查取证后方可进行消毒处理。

图4.15　食物中毒现场调查处置

④派专人保护现场，搜集可疑食品及患者排泄物，以备食药监部门检验。

⑤按食药监部门的意见，做好配合工作，对同时就餐尚未发病人员就地观察，必要时停工观察（如图4.15食物中毒现场调查处置）。

（3）食物中毒事故善后处理

食物中毒事故及紧急情况得到遏制后，要做好中毒人员的安抚工作，待上级部门的检验报告出来以后，确定责任。

2）定期检查，消除食物中毒事故隐患

餐饮酒店应按国家食品安全法规要求，对照自身酒店所定的食品安全管理制度，开展定期检查，以消除事故隐患。

4.3.2　餐饮酒店发生食物中毒后的处理方法

我国有关食品安全法律法规规定了政府卫生与食药监监管部门在发生餐饮食物中毒或疑似食物中毒事故可以采取临时强制控制措施，避免事故的扩散和蔓延。

1）现场封存处理

餐饮食物中毒或疑似食物中毒事故发生后，现场封存处理措施包括：
①封存可能导致餐饮食物中毒的食品及其原料。
②封存被污染的食品生产工具及其用具，并责令进行清洗消毒。
③封存可能导致食物中毒的加工经营场所。

2）报告制度

发生餐饮食物中毒后，事发企业必须在2个小时之内向所辖地县级人民政府卫生部门和食品药品监督管理部门电话及书面报告。

3）采取控制措施

餐饮食物中毒或疑似食物中毒事故发生后，采取的控制措施包括：
①保留疑似食品及其加工原料、工具及用具、加工设备设施和现场。
②配合政府食药监督管理部门进行食品安全事故调查处理,按照要求提供相应资料和样品。
③按照国家相关监管部门的要求采取强制控制措施。

4）配合食药监（FDA）调查

国家地县级以上食品药品监督部门按照有关食品安全法律法规规定开展餐饮服务食品安全事故调查，有权向有关餐饮服务提供者了解与食品安全事故有关的情况，餐饮服务提供者应当配合政府食品安全监督管理部门进行食品安全事故调查处理，不得拒绝。

🍰学生活动　讨论餐饮酒店发生食物中毒后的处理措施

在任务 3 情境导入的案例中，如果你是一位酒店食品安全管理员，此时应该做什么？

[参考答案]

1. 立即向所辖区内的食药监、酒店上级主管部门报告，要求疾病控制中心医师进行现场调查。

2. 封存导致食物中毒的黄瓜丝及其原料，封存被污染的碗筷碟盘等食品生产工具及其用具，封存导致食物中毒的厨房加工场所。

3. 配合食药监部门调查，提供证据。

4. 安抚食物中毒患者（如图 4.16 食物中毒后的处理思考）。

图 4.16　食物中毒后的处理思考

[思考与练习]

一、单选题

1. 我国《餐饮服务食品安全操作规范》规定，餐饮企业食品安全的第一责任人是（　　）。
　　A. 法定代表人或负责人　　　　B. 食品安全管理人员　　　　C. 关键环节加工操作人员

2. 我国《餐饮服务食品安全操作规范》规定，需设专职食品安全管理人员的餐饮企业不包括（　　）。
　　A. 大型及大型以上饭店　　　　B. 机关企事业单位食堂　　　　C. 学校食堂

3. 关于餐饮企业食品安全管理人员的设置，以下正确的是（　　）。
　　A. 所有餐饮企业都必须设置专职食品安全管理人员
　　B. 盒饭、桶饭生产企业应设置专职食品安全管理人员
　　C. 连锁餐饮企业应在每家门店设置专职食品安全管理人员

4. 一家餐饮企业的食品安全状况主要取决于（　　）。
　　A. 政府食药监监督部门的监管
　　B. 自生的卫生管理
　　C. 厨房硬件设施设备

5. 学校食堂与学生集体用餐卫生管理规定，学校的食品卫生管理实行（　　）。
　　A. 主管校长负责制
　　B. 教育行政部门负责制
　　C. 学校食品卫生管理员负责制

6. 《学校食堂与学生集体用餐卫生管理规定》中未禁止职业学校、中小学校、特殊教育学校、幼儿园食堂供应的是（　　）。
　　A. 生拌食品　　　　　　　　B. 改刀菜　　　　　　　　C. 外购熟食卤味

7. 餐饮企业发生责任性重大食物中毒事件后，最可能追究法律责任的是（　　）。
　　A. 企业领导　　　　　　　　B. 企业食品安全管理人员　　　　C. 部门经理

8.反映人和温血动物粪便污染的指标是（　　　）。

　　A.大肠菌群　　　　　　　　B.细菌菌落总数　　　　　　　C.以上都是

9.根据我国《餐饮服务食品安全操作规范》规定，以下哪些餐饮企业应设置食品检验室（　　　）。

　　A.集体用餐配送企业　　　　B.大型饭店　　　　　　　　　C.学校食堂

10.餐饮企业领导层对于企业食品安全管理应在哪些方面进行支持（　　　）。

　　A.赋予企业食品安全管理员在食品安全管理方面足够的权力

　　B.投入足够的资金用于企业的食品安全工作，包括企业硬件设施、人员培训、管理设备等

　　C.以上都是

11.反映餐饮食品一般性污染状况的指标是（　　　）。

　　A.大肠菌群　　　　　　　　B.细菌菌落总数　　　　　　　C.以上都是

12.餐饮企业的食品安全管理人员在内部检查中，最应也最先应关注的是（　　　）。

　　A.餐饮加工环境卫生状况

　　B.容易引起食物中毒或食品污染的高危因素

　　C.厨房硬件设施状况

13.餐饮业食品安全管理的重点是（　　　）。

　　A.对食品加工过程的监控

　　B.对已加工食品的微生物与理化检验

　　C.以上都是

14.关于餐饮企业食品温度计的使用注意事项包括（　　　）。

　　A.按照测量对象选择适合的温度计

　　B.定期进行校准

　　C.以上都是

15.我国《餐饮服务食品安全操作规范》规定，留样食品应按品种分别盛放于清洗消毒后的密闭专用容器内，在冷藏条件下存放（　　　）。

　　A.24小时以上　　　　　　　B.48小时以上　　　　　　　C.72小时以上

16.我国《餐饮服务食品安全操作规范》规定，餐饮食品每个品种的留样量应（　　　）。

　　A.不少于50克　　　　　　　B.不少于100克　　　　　　　C.不少于150克

17.我国《餐饮服务食品安全操作规范》规定，餐饮企业应进行留样的食品是（　　　）。

　　A.成品　　　　　　　　　　B.原料、成品　　　　　　　　C.原料、半成品、成品

18.餐饮企业各种食品安全管理的相关记录应至少保存（　　　）。

　　A.半年以上　　　　　　　　B.一年以上　　　　　　　　　C.两年以上

19.餐饮企业在发生食物中毒或疑似食物中毒事故后，采取以下哪些措施是正确的？（　　　）

　　A.做好厨房的卫生清洁工作，等待政府食药监监管部门前来调查

　　B.保留造成事故或可能导致事故的食品、原料、工具、现场等

　　C.照常营业

20. 餐饮企业食品安全管理工作的参与部门，以下哪项最正确？（　　　）

    A. 企业食品安全管理部门

    B. 企业领导或分管领导，食品安全管理部门

    C. 企业领导或分管领导、食品安全管理部门、厨房加工、餐饮服务、仓库保管、采购、保洁、维修等各有关部门

二、是非题

1. 餐饮企业食品安全管理制度的主要内容是操作环境清洁和食品留样检验。（　　　）

2. 餐饮业留样的食品可以在加工操作过程中或加工结束后采集，如未能及时采集，可以另行制作少量专供留样。（　　　）

3. 我国《盒饭卫生与营养要求（DB 31/160—2005）》规定，盒饭生产企业应每天对接触直接入口食品的盒饭加工环节进行细菌总数的检验。（　　　）

4. 我国《餐饮服务食品安全操作规范》规定，食品安全管理人员应具备两年以上餐饮服务食品安全工作的经历，持有效食品安全管理人员培训合格证明。（　　　）

5. 我国《餐饮服务食品安全操作规范》规定，餐饮企业食品安全管理人员应督促食品加工相关人员按要求进行记录，并每天检查记录的有关内容。（　　　）

6. 我国《学生集体用餐卫生监督办法》规定，学生集体用餐不得直接供应未经加热的食品。（　　　）

7. 我国《餐饮服务食品安全操作规范》规定，企业的食品安全管理机构必须是餐饮企业内的专门部门。（　　　）

8. 餐饮企业食品安全管理部门最好是受企业领导层直接管理。（　　　）

9. 餐饮食品用温度计都能够测量食品中心温度。（　　　）

10. 化学消毒的浓度能用专用试纸进行测试。（　　　）

11. 大肠菌群是人和温血动物粪便污染的指示菌，其生长条件与大部分致病菌类似。（　　　）

12. 餐饮企业食品安全管理工作的重点是采集食品进行检验。（　　　）

13. 餐饮企业都应设置专门的食品安全管理机构和人员。（　　　）

14. 酒店餐饮部经理是最合适担任专职食品安全管理员的人员。（　　　）

15. 餐饮企业食品安全管理制度的主要内容是保持加工场所和人员的清洁。（　　　）

16. 餐饮企业食品安全管理内部检查计划的内容主要是检查项目、时间、频率、标准。（　　　）

项目5
餐饮厨房食品制作硬件设施
卫生安全要求

许多餐饮企业食品安全问题的发生是由于厨房食品加工操作的硬件设备设施不完善引起，如布局不合理引起的交叉感染，缺少洗手消毒设施导致厨房工作人员手部污染食品，清洗水池不足致使餐具清洗时受到污染等。因此，厨房良好的硬件设备设施是餐饮企业保障食品安全的基础。

学习目标

一、知识目标

◇ 熟悉餐饮厨房硬件设备设施食品安全要求的总体原则。

◇ 熟悉餐饮厨房设计中的食品安全规定。

◇ 掌握餐饮厨房主要卫生设施的食品安全规范。

◇ 熟悉餐饮企业厨房其他场所的食品安全要求。

二、技能目标

◇ 会按食品安全要求维护厨房硬件设备设施。

◇ 能分析餐饮厨房硬件设备设施的食品不安全因素。

三、情感目标

◇ 通过餐饮厨房食品制作硬件设施卫生安全要求的学习，进一步培养餐饮食品安全的责任意识，提高餐饮从业人员食品安全的法律意识。

任务 1 餐饮厨房选址、布局与土建的食品安全要求

🧁 任务要求

1. 了解餐饮厨房硬件设备设施对食品安全的重要性。
2. 熟悉餐饮厨房硬件设备设施要求的总体原则。
3. 了解餐饮企业厨房选址的食品安全要求。
4. 熟悉餐饮厨房布局的食品安全规范。
5. 熟悉餐饮企业厨房面积的食品安全规定。
6. 了解餐饮厨房地面、墙面、天花板的食品安全要求。
7. 熟悉餐饮企业厨房门窗的食品安全规范。

🧁 情境导入

  1999 年某日，广东肇庆某酒店发生了一起食用蟹肉色拉食物中毒事件，数十人出现腹痛、腹泻等食物中毒症状，当地食药监管部门在剩余的蟹肉色拉中检出了副溶血弧菌。FDA 调查发现：该酒店能容纳几千人同时就餐，但熟食专间仅 10 余平方米；专间内的排水沟与原料粗加工、切配、食品烹饪场所相通；酒店垃圾房设在专间出口处。蟹肉色拉需要以大量的熟蟹肉为原料，熟食专间因场地狭小，部分人员就在原料粗加工等场所拆蟹肉达 10 余个小时。拆好的蟹肉不能全部放入冰箱，就存放在专间温度环境下，供餐前将蟹肉和色拉酱拌在一起，不再进行加热，结果导致食物中毒的发生。

🧁 知识准备

5.1.1 餐饮厨房硬件设施要求的总体原则

1）厨房硬件设施

  餐饮厨房硬件设施包括食品加工经营场所，加工设备、工具及卫生设施等各种硬件条件，这些条件在设计、材质、运转和维护方面都有食品安全的要求。我国《餐饮服务食品安全操作规范》对于餐饮业的厨房硬件设施提出了较为详尽的要求（如图 5.1 餐饮厨房食品加工设备、工具）。

图 5.1　餐饮厨房食品加工设备、工具

2）厨房硬件设施对食品安全的重要性

  餐饮厨房硬件设施的"先天不足"会使餐饮企业食物中毒的风险大大增加，从而影响广大消费者的身体健康和生命安全，使餐饮酒店的发展和社会稳定受到影响。获得安全放心的

餐饮食品是每个公民的基本权利。

3）厨房硬件设施食品安全要求的总体原则

餐饮厨房硬件设施食品安全要求的总体原则是：

①有助于加工操作人员按照食品安全要求操作。

②操作流程尽可能短且能避免餐饮食品受到污染。

③能够有效避免餐饮食品加工过程中的交叉污染。

④有助于避免餐饮食品长时间处在危险温度带条件下。

⑤有助于防止害虫侵入厨房。

⑥避免食品加工过程中产生的废弃物和残渣的积聚。

⑦易于清洁消毒，耐受反复清洗。

⑧设施的数量应能够满足餐饮企业最大的供应量。

5.1.2 餐饮厨房设计中的食品安全要求

1）厨房选址

餐饮企业厨房选址的食品安全要求有：

①应选择地势干燥、有给排水条件和电力供应的区域，不得设在易受到污染的区域。

②应距离粪坑、污水池、暴露垃圾场（站）、旱厕等污染源 25 米以上，并设置在粉尘、有害空气、放射性物质和其他扩散性污染源的影响范围之外。

③应同时符合规划、环保和消防等有关要求。

2）布局

餐饮酒店的食品主要加工操作场所有：粗加工、烹饪、餐具清洗保洁、库房或原料和半成品贮存、切配、备餐、冷菜、裱花、盒饭加工专间、清洁用品存放等。

（1）合理布局的基本原则

餐饮厨房硬件设施合理布局的基本原则是：

①食品的加工操作从原料进入、原料粗加工、半成品加工、成品加工、成品供应的流程按生进熟出的单一流向设计，以防止食品在存放、加工、供应等各环节产生交叉污染。

②厨房食品的粗加工、切配、烹饪和备餐场所、专间、食品库房、餐用具清洗消毒和保洁场所等区域，一般分为清洁操作区、准清洁操作区、一般操作区。

A.清洁操作区。清洁操作区是指为防止食品被环境污染，清洁要求较高的操作场所，包括专间、备餐场所。专间为处理或短时间存放直接入口食品的专用操作间，包括凉菜间、裱花间、备餐间、分装间等。备餐场所指成品的整理、分装、分发、暂时放置的专用场所。

B.准清洁操作区。准清洁操作区是指清洁要求次于清洁操作区的操作场所，包括烹饪场所、餐用具保洁场所。烹饪场所是指对经过粗加工、切配的原料或半成品进行煎、炒、炸、焖、煮、烤、烘、蒸及其他热加工处理的操作场所。餐用具保洁场所是指对经清洗消毒后的餐饮具和接触直接入口食品的工具、容器进行存放并保持清洁的场所。

C.一般操作区。一般操作区是指其他处理食品和餐用具的场所，包括粗加工场所、切配场所、餐用具清洗消毒场所和食品库房等。粗加工场所是指对食品原料进行挑拣、整理、解冻、清洗、剔除不可食用部分等加工处理的操作场所。切配场所是指把经过粗加工的食品进行清洗、切割、称量、拼配等加工处理成为半成品的操作场所。餐用具清洗消毒场所是指对餐饮具和接触直接入口食品的工具、容器进行清洗、消毒的操作场所。

图 5.2 分别是基本符合要求的餐饮酒店厨房加工场所平面图举例。

（2）厨房一般布局

餐饮厨房一般布局的食品安全要求是：

①应设置专用的原料粗加工（全部使用半成品的可不设置），烹饪（单纯经营火锅、烧烤的可不设置），餐用具清洗消毒的场所，并应设置原料和（或）半成品贮存、切配及备餐（饮品店可不设置）的场所。

②进行凉菜配制、裱花操作、食品分装操作的，应分别设置相应专间。

③制作现榨饮料、水果拼盘及加工生食海产品的，应分别设置相应的专用操作场所。

④集中备餐的食堂和快餐店应设有备餐专间。

⑤中央厨房配制凉菜以及待配送食品贮存的，应分别设置食品加工专间。

⑥食品冷却、包装应设置食品加工专间或专用设施（如图 5.2 西厨房布局）。

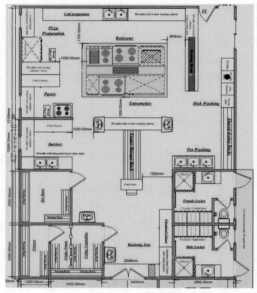

图 5.2　西厨房布局

（3）避免交叉污染的布局设计方法

避免餐饮食品加工交叉污染的布局设计方法有：

①食品加工操作工序按照由生至熟的单一流向设置。

②食品成品通道、出口与原料通道、入口分开设置。

③食品成品通道、出口与使用后的餐饮具回收通道分开设置。

④空间条件允许下的情况下，餐具和接触直接入口食品工用具的清洗消毒应设独立的操作间。

⑤直接入口食品操作专间应设置在食品成品通道，出口附近。

⑥若上述通道和出入口不能分开设置，应从运送时间、方式等方面避免食品受到污染，如材料、成品进出的时段分开，分别采用专用密闭式车辆运送材料或成品。

食品的加工操作场所可以是独立隔间的操作间，也可以是独立分隔的操作区域，设置独立隔间的原则是：

①规模越大的餐饮企业，功能越是细分，设置为独立隔间的场所应越多。

②餐饮酒店厨房加工过程复杂、品种繁多，应设置为独立隔间的场所应较小吃店，快餐店和食堂为多。

3）厨房面积（餐饮酒店、食堂、盒饭、桶饭）

（1）餐饮、食堂

提出确切的食品加工操作场所所需要的面积是较为困难的，但从食品安全的角度，应考虑以下两个方面的因素：

①供餐的人数和供应的食品数量越多，加工操作场所需要的面积越大。食品加工操作场所的加工能力如小于本企业的最大供应量，一旦食品供应量上升时，就可能产生因厨房设施

不足所引起的食品加热不彻底，存放时间过长（尤其是冷菜）、交叉污染、从业人员不规范操作等问题，从而增加食品安全危险。

②这些场所中与加工能力直接有关的主要是切配烹饪场所（有的餐饮企业称为主厨房）和冷菜专间的面积，需要在短时间内批量供餐的盒饭、宴席还包括饭菜分装专间。这些场所是食品最后制作完成的场所，场地狭小使这些食品安全问题易于发生。

因此，餐饮企业食品加工操作场所的面积应与就餐场所面积（基本相当于供应的最大就餐人数）相适应，《餐饮服务食品安全操作规范》中提出了各种类型、各种规模的餐饮企业食品加工操作场所与就餐场所的面积比例，以及切配烹饪场所、冷菜专间面积的要求。详见表5.1。

表 5.1　各种规模、类型餐饮厨房布局面积要求

餐饮类型	加工经营场所面积（米²）或人数	食品处理区与就餐场所面积之比	切配烹饪场所面积（米²）	凉菜间面积（米²）	食品处理区为独立隔间的场所
餐馆	≤150	≥1：2.0	≥食品处理区面积50%	≥食品处理区面积10%	加工、烹饪、餐用具清洗消毒
餐馆	150~500（不含15，含500）	≥1：2.2	≥食品处理区面积50%	≥食品处理区面积10%，且≥5	加工、烹饪、餐用具清洗消毒
餐馆	500~3 000（不含500，含3 000）	≥1：2.5	≥食品处理区面积50%	≥食品处理区面积10%	粗加工、切配、餐用具清洗消毒、清洁工具存放
快餐店	—	—	≥食品处理区面积50%	≥食品处理区面积10%，且≥5	加工、备餐
小吃店饮品店	—	—	≥食品处理区面积50%	≥食品处理区面积10%	加工、备餐
中央厨房	加工操作和贮存场所面积原则上≥300米²，清洗消毒区面积≥食品处理区面积10%		≥食品处理区面积15%	≥10	粗加工、切配、烹饪、面点制作、食品冷却、食品包装、待配送食品贮存、工用具清洗消毒、食品库房、更衣室、清洁工具存放
食堂	供餐人数≤50人的机关、企事业单位食堂	—	≥食品处理区面积50%	≥食品处理区面积10%	备餐、其他参照餐馆相应要求设置
食堂	供餐人数≤300人的学校食堂，供餐人数50~500人的机关、企事业单位食堂	—	≥食品处理区面积50%	≥食品处理区面积10%，且≥5	备餐、其他参照餐馆相应要求设置
食堂	供餐人数>300人的学校食堂（含幼托机构），供餐人数>500人的机关、企事业单位食堂	—	≥食品处理区面积50%	≥食品处理区面积10%	备餐、其他参照餐馆相应要求设置

注：全部使用半成品加工的餐饮企业以及单纯经营火锅、烧烤的餐饮企业，食品处理区与就餐场所面积之比在表5.1的基础上可适当减少。

（2）盒饭、桶饭

盒饭、桶饭的特点是在短时间内集中加工供应，有关食品安全法律法规对盒饭和桶饭生产企业加工场地面积作了具体规定。详见表5.2和表5.3。

表5.2　冷藏盒饭、加热保温盒饭生产场地面积要求

生产加工场地	学生盒饭		社会盒饭		
	批产量3 000份以下	批产量3 000份以上	批产量3 000份以下	批产量1 000~3 000份	批产量3 000份以上
全部场地	≥500米²	批产量每增加1 000份，总面积及各专用场地面积均应在3 000份盒饭的基础上，分别增加25%以上	≥300米²	批产量每增加500份，总面积及各专用场地面积均应在1 000份盒饭的基础上，分别增加25%以上	批产量每增加1 000份，总面积及各专用场地面积均应在3 000份盒饭的基础上，分别增加25%以上
粗加工、切配及主副食品烹饪	≥200米²		≥100米²		
盒饭分装车间	≥100米²		≥50米²		
冷却车间	≥50米²		≥25米²		
成品贮存	与加工数量相适应		与加工数量相适应		

表5.3　桶饭生产场地面积要求

生产场地	批产量1 000份以下	批产量1 000~3 000份	批产量3 000份以上
全部场地	≥300米²	批产量每增加500份，总面积及各专用场地面积均应在1 000份桶饭要求的基础上，分别增加25%以上	批产量每增加1 000份，总面积及各专用场地面积均应在3 000份桶饭要求的基础上，分别增加25%以上
粗加工、切配及主副食品烹饪	≥100米²		
饭菜暂存间	≥50米²		

4）厨房地面、墙面、天花板

厨房地面、墙面、天花板的食品安全要求有：

①厨房围护结构各个平面之间的结合处，如地面和墙面，墙面和天花板等，宜采用弧形结构，避免污垢在死角处积聚。

②为便于排水，对于需经常冲洗场所的厨房地面，还应有一定坡度，通常大于1.5%，其最低处应设在排水沟或地漏的位置。

③餐饮业厨房的天花板常有较多管道，有的还有较多横梁，这些结构都会使天花板易于积聚灰尘，且不利于清扫。在一些对清扫程度要求较高的区域，如各类专间、烹饪间、备餐场所等，应加设平整和易于清洁的吊顶。

④在蒸箱、备餐间、盒饭分装间等水汽较多的场所，天花板上常会有较多冷凝水，有关卫生学研究表明这些冷凝水中有较多细菌，甚至还发现过致病菌。因此，应使产生的冷凝水不会污染到食品，通常的方法是将天花板做成有一定的坡度，如斜坡或拱形，使冷凝水能顺势从墙边流下。

⑤在水汽较多的厨房场所设置的吊顶，应注意需封闭吊顶材料之间的缝隙，避免水汽通过缝隙进入，导致吊顶内部霉变。

5）厨房门窗

厨房门窗的食品安全要求有：

①门窗应装配严密，以防虫害侵入。

②与外环境直接相通的门和可以开启的窗应设防蝇纱网、防蝇软门帘或空气风幕等防护设施。

③与外环境直接相通的门和各类专间的门应能自动关闭，如采用自闭门的形式。

④厨房窗台是室内易于积聚灰尘的地方，为减少灰尘的积聚，宜设置内窗台或采用向内侧倾斜的形式。

⑤需经常冲洗的厨房场所、易潮湿场所和各类专间的门由于接触水的机会较多，应采用易清洗、不吸水的坚固材料，如塑钢、铝合金等来制作。如使用木质门，应坚固、油漆良好且不吸水，不要采用未经油漆的木门，以免长时间使用后因受潮引起发霉和变形。

⑥自助餐及非专间方式备餐的快餐店、食堂所供应的食品基本上是裸露的，其就餐场所窗户应为封闭式或装有防蝇防尘设施门，同时应设空气风幕。

6）食品加工场所材质

（1）厨房建筑

厨房建筑材质的食品安全要求是：采用混凝土、砖木等坚固耐用、易于维修、易于保持清洁的形式，能有效与外界隔开，以尽可能避免有害动物的侵入、栖息，减少外环境的污染。

（2）厨房围护结构

厨房加工场所的围护结构，如地面、墙面和天花板等材质的食品安全要求有：

①选用无毒无异味的材质，以避免餐饮食品受到污染。

②使用可以反复清洗的耐用的材料。

③为便于用水清洗，要用防水性材料。

④为便于辨识污垢，使用浅色系材料。

⑤为易于清除污垢，要用不易积垢的材料。

（3）厨房特殊场所围护结构

厨房特殊场所围护结构的食品安全要求是：

①食品粗加工、切配、餐用具清洗消毒和烹饪等需经常冲洗，易潮湿场所地面还应便于清洗和防滑，可使用磨石子水泥地面、陶瓷地砖、环氧树脂等材质。由于上面这些场所在冲洗时，可能会使地面的污水溅到墙上，为便于清洁均需设置1.5米以上的墙裙，各类专间为便于清洁，墙裙应设置到顶。墙裙应光滑和易清洗，可使用瓷砖、合金材料等材质。

②天花板和其他场所的墙面可使用防霉涂料，天花板如使用吊顶、应采用塑料、铝合金的材质，石膏吊顶因易于吸附水气，不宜使用。

（4）食品加工工具与设备

餐饮酒店厨房直接接触食品表面工具与设备的食品安全要求有：

①工具与设备的材质应无毒、无异味、耐腐蚀、不易发霉、符合食品安全标准。

②食品接触面最好不使用木质材料，工艺上必须使用木质材料的，应不会产生木屑或长霉，以免对食品产生污染。

学生活动　由一餐饮酒店典型厨房布局图讨论其是否符合食品安全要求

在任务 3 情境导入的案例中，若你是一位酒店食品安全管理员，此时应该做什么？

在任务 1 的情境导入中，蟹肉色拉食物中毒事件的发生，其中一大原因是该酒店厨房设计布局不合理。请讨论该厨房布局是否符合食品安全要求及其发生蟹肉色拉食物中毒的原因（如图 5.3 中厨房布局）。

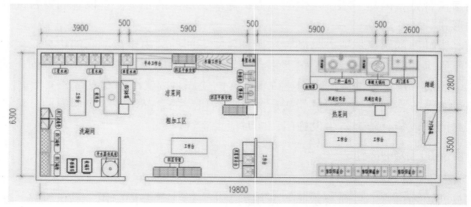

图 5.3　中厨房布局

[参考答案]

情境导入中的蟹肉色拉食物中毒事件发生原因有：

①熟食专间的面积与该酒店规模不相适应。由于加工的蟹肉数量超过了冷菜专间所能够承担的数量，部分加工在粗加工场所进行，使熟蟹肉受到严重交叉污染。

②设计布局不合理。由于冷菜专间内设有与粗加工、切配场所相通的排水沟，垃圾房设置在熟食专间出口处，这样的布局增加了食品污染的机会。

③食品贮存温度不当、时间过长。大量剔好的蟹肉因冰箱无法容纳，存放在专间温度条件下达 10 余个小时，使细菌大量繁殖。要避免食品受到污染，首先其加工场所周围必须没有污染源。

④生物性污染源，包括粪坑、污水池、垃圾场（站）、旱厕等，在此类污染源中滋生的昆虫（如苍蝇）可能会污染食品及其加工操作环境。《餐饮服务食品安全操作规范》中规定餐饮单位距离生物性污染源应在 25 米以上。

任务2　厨房工具、设备与主要卫生设施的食品安全要求

任务要求

1. 熟悉餐饮厨房工具与设备的食品安全要求。
2. 了解厨房硬件设施维护中食品安全的重要性。
3. 熟悉厨房设施维护中的食品安全规范。
4. 掌握厨房主要卫生设施的食品安全规定：洗手消毒设施、排水设施、厕所等。
5. 了解厨房废弃物暂存设施的食品安全要求。

🧁 情境导入

2006 年某日，华东沿海某市一拾荒人员在食用来路不明的鱼内脏后半小时发生昏迷，最后因呼吸麻痹、抢救无效而死亡。后经所辖地区 FDA 调查，该拾荒人员食用的鱼内脏是从某餐饮街附近的垃圾箱中捡来加工后食用的，在随后的死者吃剩的食品中检测出河豚毒素。餐饮酒店供应河豚鱼属于严重违法行为，河豚鱼内脏含剧毒，餐饮酒店非法加工河豚鱼后将内脏随意丢弃，被该拾荒人员捡后食用，导致了本起惨剧的发生。

🧁 知识准备

5.2.1　餐饮厨房工具与设备的食品安全要求

1）厨房工具

餐饮厨房工具的食品安全要求是：

①食品加工工具与食品接触的部分最好能够拆卸，以便于检查、清洗和消毒。

②食品容器与食品的接触面应平滑、无凹陷或裂缝，以避免食品碎屑、污垢等的聚积。

③食品原料、半成品、成品盛器能够明显加以区分，可以采用不同的材质、不同的形状，或者在各类盛器上标记，或者直接标识生、熟等。

2）厨房设备

餐饮厨房设备的食品安全要求是：

①食品加工设备与食品接触的部分最好能够拆卸，以便于检查、清洗和消毒，应避免设备中的润滑油、金属碎屑和其他污染物污染食品。

②食品容器、工具盒设备与食品的接触面应平滑、无凹陷或裂缝，设备内部角落部位应避免有尖角，以避免食品碎屑、污垢等的聚积。

③盒饭、桶饭加工企业应配备封闭式冷藏（用于冷藏盒饭）或保温车（用于加热保温盒饭、高温灭菌盒饭、桶饭）。车辆内部的结构应平整，以便于清洗。

图 5.4　洗碗正确操作规范

④设置不同功能的水池，如原料粗加工、餐具清洗、清洁工具清洗专用水池等。不同功能的水池应分设在不同区域，不宜集中在一个场所内（如图 5.4 洗碗正确操作规范）。

5.2.2　厨房硬件设施维护中的食品安全要求

1）厨房硬件设施维护中的食品安全重要性

良好的厨房硬件设施的设计固然重要，但餐饮企业日常对厨房硬件设施的维护维修保养对于保证厨房硬件设施的正常运转，从而使食品能够在符合食品安全的要求条件下进行烹饪加工显得更为重要。

2）厨房硬件设施维护中的食品安全规范

餐饮厨房在日常维护中应检查各类硬件设施是否正常运转，是否保持完好、清洁，并对硬件设施进行维护和清洁。厨房硬件设施维护中的食品安全规范有：

①制订检查计划，对各场所、设施设备定期进行检查。

②工用具的数量繁多，食品安全管理人员的检查不可能面面俱到，应鼓励员工及时报告工用具发生的问题。

③各场所、设施设备、工用具发现问题后，立即进行维修，设施设备、工用具不能维修的应更换。

④设施设备在等到修缮或更换前应停止使用。

⑤餐饮厨房内不得存放与食品加工无关的物品，各项设施设备也不得用作与食品加工无关的用途。

5.2.3 厨房主要卫生设施的食品安全要求

1）洗手消毒设施

（1）设置的位置

餐饮厨房洗手消毒设施设置位置的食品安全要求是：

①在加工人员更衣间或食品加工区的人员入口处应设置足够数目的洗手设施。

②在各食品加工区域内宜设置洗手设施，其位置应在方便从业人员洗手的区域。

③专间入口处或二次更衣室内还应设置手消毒设施。

④洗手消毒设施附近应设有相应的清洗、消毒用品和干手设施，并有洗手消毒方式标示。

⑤就餐场所应设有数量足够的供就餐者使用的专用洗手设施，以设在洗手间出口或餐厅入口为宜。

（2）材质和结构

厨房洗手消毒设施材质和结构的食品安全要求是：

①为易于清洗，洗手池的材质应为不透水材料，如不锈钢或陶瓷等，结构应不易积垢，易于清洗，入水池角落部位应避免有尖角。

②洗手水龙头宜采用感应式、脚踏式或肘动式等非手动式开关，防止清洗，消毒过的手再次受到交叉污染。

③冬天宜提供温水，因为温水能提高洗涤剂的活性，去污能力比冷水强，还可以避免寒冷季节因怕水冷而不洗手。

④洗手设施的排水要通畅，下水道可用"U"型管等水封形式，防止逆流、有害动物侵入及产生臭味。

2）排水设施

厨房排水设施的食品安全要求是：

①排水沟流向应由高清洁操作区流向低清洁操作区，并有防止污水逆流的设计，最常用的设计就是排水沟有一定的坡度。因为排水沟内的污水如任其流淌，可能会污染食品加工操作场所。

②排水沟一般应为明沟，以便于污水的排放。为避免污水对操作环境的污染，专间、备

餐区域等清洁的加工区域内不得设置明沟，如有明沟通过应以密封盖板覆盖，这些区域内，地漏的结构也应能够防止污浊气等污染环境，如有水封的地漏。

3）厕所

餐饮厨房厕所是一种污染的来源，但也是必须设置的场所。为防止厕所本身和上厕所后的人员对食品及其加工经营场所的污染，厨房厕所设计的食品安全要求是：

①厕所不得设在食品加工操作区域，如设在与食品加工操作区域相邻的位置，其门不得直接开向该区域。

②厕所内出口附近应设有符合要求的洗手设施，以使从业人员和顾客在使用后能及时洗手消毒，避免在接触食品时污染食品。

③与外界相通的门窗应设置严密坚固、易于清洁的纱门及纱窗，外门应能自动关闭，以防止厕所对食品加工场所的污染。

④厕所排污管道应与加工经营场所的排水管道分开。

4）废弃物暂存设施

餐饮厨房食品废弃物如不及时清除或处理不当，不仅会产生异味，还会吸引老鼠、苍蝇及其他有害昆虫。因此，厨房废弃物暂存设施的食品安全要求是：

①在可能产生废弃物或垃圾的场所均应设有配有盖子的废弃物容器，废弃物容器应与加工用容器有明显的区分标识。

②加工场所外适当地点设置废弃物临时集中存放设施的，结构应密闭，能防治害虫进入、滋生且不污染环境。

③废弃物容器应以坚固、不透水的材料制造，内壁应光滑以便于清洗。专间内的废弃物容器盖子应为非手动开启式。

④废弃物应及时清除，清除后的容器应及时清洗，必要时进行消毒。

🧁 学生活动　餐饮酒店洗手消毒设施并讨论其材质和结构对食品安全的影响

[参考答案]

1. 洗手消毒设施

①在加工人员更衣间没有设置洗手设施，应设置足够数目的洗手设施。

②专间入口处未设洗手消毒设施，应设有洗手消毒设施。

③无洗手消毒方式标示，应有洗手消毒方式标示。

2. 洗手消毒设施材质和结构

厨房洗手消毒设施材质和结构的食品安全要求是：

①选用不锈钢材质水池，不易积垢。

②感应式水龙头为非手动式开关，可防止清洗，消毒过的手再次受到污染。

③洗手设施的下水道用"U"形可食用级管道，防止污水逆流、有害动物侵入及产生臭味。

任务 3　其他餐饮厨房场所的食品安全要求

任务要求

1. 了解餐饮厨房更衣场所的食品安全要求。
2. 熟悉厨房库房或贮存场所的食品安全要求。
3. 掌握厨房专间的食品安全要求。
4. 熟悉餐具、接触直接入口食品工具清洗消毒和保洁场所的食品安全要求。

情境导入

2013年9月26日，某中学发生疑似食物中毒事件，有数名学生出现腹痛、腹泻、呕吐等食物中毒症状，发病学生症状多较轻，无危重病例。接到报告后，市、区疾控中心立即派人，开展患病学生的治疗和事件调查取证工作，现场察看学校第一食堂保洁间、加工间、食品库房卫生状况等，了解该校消毒设施、原材料加工、索证索票等食品安全管理情况。市领导指出：食品安全问题事关学校师生健康，丝毫不能迁就懈怠，要迅速查明事件原因，依法追究相关责任单位和人员的责任；全面检查学校食堂的加工、原料采购等环节，做好场所和设施的消毒工作；加强规范化管理，建立完善制度，确保类似食物中毒事件不再发生。

知识准备

5.3.1　厨房更衣场所的食品安全基本要求

餐饮厨房更衣场所食品安全的基本要求是：

①可以是专门的更衣间或是专用的。

②更衣场所与厨房加工烹饪场所应处于同一建筑内，以防止从业人员在更衣后通过外环境使清洁工作服受到污染。

③更衣场所面积应有足够大，有足以存放更衣设施和进行更衣活动的空间。

④设有符合食品安全要求的洗手设施。

⑤更衣场所张贴标准着装照片，配备穿衣镜，有良好的照明，使员工能对工作服穿着情况进行自我检查。

⑥设置专门区域，统一放置使用后的脏工作服。

5.3.2　厨房库房或贮存场所的食品安全规范

餐饮厨房库房或贮存场所的食品安全规范有：

①大型餐饮企业可设置各类库房，包括冷冻库（如肉类库、水产库等），冷藏库（如蔬菜库、奶类库等），常温库（如粮库、调味品库、非食品库等），危险库（如专用于存放杀虫剂、杀鼠剂及未经拆封的清洗剂、消毒剂等）。

②中小型餐饮企业无条件分库存放的，可在同一场所内贮存各种存放条件相同的食品和

无污染的非食品，并应按照其性质分区域存放，如主食区，调味品区、饮料区、食品包装材料区、工具区等。

③库房或贮存场所内应设置数量足够的物品存放架，其结构及位置应能使储藏的食品距离墙壁、地面10厘米以上，以利于空气流通及物品搬运。

④除冷库外的库房和贮存场所应有良好的通风、防潮设施。

⑤冷库应设置可正确指示库内温度的温度计。

5.3.3　厨房专间的食品安全规定

餐饮厨房专间的食品安全规定有：

①设置独立隔间、专间内配备独立式空调（应使操作时专间内温度保持不高于25 ℃）、温度计、专用工具、清洗消毒水池、直接入库食品专用冷藏设施、净水设施、紫外灯等。

②专间入口处设置通过式二次更衣室，作为操作人员在进入专间前更换清洁工作服和洗手消毒的场所，二次更衣室内应设置洗手消毒水池和更衣挂钩。二次更衣室和专间的门应错位设置。

③紫外线灯的波长应在200~275纳米，按功率不小于1.5瓦/米^3，距离地面2米内设置，紫外线灯应分布均匀。

④为了尽量减少外界污染，专间只应设置一个门，专间内外食品传送为可开闭的窗口形式。

5.3.4　厨房餐具、接触直接入口食品工具清洗消毒和保洁场所的食品安全要求

餐饮厨房餐具、接触直接入口食品工具清洗消毒和保洁场所的食品安全要求有：

①清洗餐具和接触直接入口食品工具要有固定的场所，有专用水池。与食品原料、清洁用具及接触非直接入口食品的工具、容器清洗水池应分开。

②在餐具和工具清洗池附近须放置带盖的废弃物容器，以便收集剩余在餐具上的食物残渣。

③采用化学消毒的，至少设置3个专用水池，分别用于餐具和工具洗涤剂清洗、清水冲洗、浸泡消毒，各类水池应在其上方以明显标识表明其用途。

④设置存放消毒后餐具、接触直接入口食品工用具的保洁场所（如餐具保洁间）或设施，如餐具保洁柜。已经消毒的餐具盒、工用具应及时放入保洁场所或设施中，保洁设施结构应密闭并易于清洁。

🧁学生活动　带领学生参观本校食堂卫生设施

带领学生参观本校食堂卫生设施，仔细观察食堂洗手消毒设施、排水设施、厕所、废弃物暂存设施、防虫害设施、直接入口食品工具清洗消毒设施等，思考本校食堂的主要卫生设施是否符合食品安全的要求？为什么？

[参考答案]

食堂是设于机关、学校（含托幼机构）、企事业单位、建筑工地等地点（场所），供应内部职工、学生等就餐的提供者。对照本项目任务2、任务3的相关条目，寻求本校食堂的主要卫生设施是否符合食品安全的答案。

[思考与练习]

一、单选题

1. 我国《餐饮服务食品安全操作规范》规定，餐饮企业离开污水池、垃圾场等污染源的距离应在（   ）以上。

    A.10 米　　　　　　　　　　B.20 米　　　　　　　　　　C.25 米

2. 按照《餐饮服务食品安全操作规范》规定，餐饮企业食品处理区的墙壁、天花板应为（   ）。

    A. 浅色　　　　　　　　　　B. 白色　　　　　　　　　　C. 深色

3. 我国《餐饮服务食品安全操作规范》规定，食品加工处理区域中的（   ）的门应能自动关闭。

    A. 与外界直接相通　　　　　B. 各类专间　　　　　　　　C. 以上都是

4. 按照《餐饮服务食品安全操作规范》规定，食品加工处理区域内的窗户不宜设室内窗台，若有窗台，台面应（   ）。

    A. 与窗户保持水平　　　　　B. 向内侧倾斜　　　　　　　C. 向外侧倾斜

5. 我国《餐饮服务食品安全操作规范》规定，与外界直接相通的门应设（   ）。

    A. 易于拆下清洗且不生锈的防蝇纱网

    B. 空气风幕

    C. 以上均可

6. 按照《餐饮服务食品安全操作规范》规定，专间内紫外线灯距离地面应在（   ）。

    A.1.5 米以内　　　　　　　B.2 米以内　　　　　　　　C.2.5 米以内

7. 我国《餐饮服务食品安全操作规范》规定，供应自助餐的餐饮企业和无备餐专间的快餐店，食堂的就餐场所应（   ）。

    A. 窗户为封闭式或装有防蝇防尘设施

    B. 门设有防蝇防尘设施，以设空气风幕为宜

    C. 以上都应达到

8. 我国《餐饮服务食品安全操作规范》规定，熟食专间的最小使用面积不小于（   ）米^2。

    A.5　　　　　　　　　　　　B.8　　　　　　　　　　　　C.10

9. 按照《餐饮服务食品安全操作规范》规定，各类专间墙裙的高度应（   ）。

    A.1 米以上　　　　　　　　B. 到顶　　　　　　　　　　C.1.5 米以上

10. 进行（   ）操作的，应分别设置相应专间。

    A. 凉菜配制　　　　　　　　B. 蛋糕裱花　　　　　　　　C. 以上都是

11. 凉菜间的温度不得高于（   ）℃。

    A.20　　　　　　　　　　　B.25　　　　　　　　　　　C.30

12. 按照《餐饮服务食品安全操作规范》规定，以下哪种材质不适合用做粗加工、切配、烹饪、餐用具清洗消毒场所和各类专间的门（   ）。

    A. 塑钢　　　　　　　　　　B. 防水耐火板　　　　　　　C. 未漆的木门

13. 餐饮企业在食品加工经营场所外设立畜禽动物圈养、宰杀场所的，应距离食品加工经营场所（   ）米以上。

A.10　　　　　　　　　　　B.20　　　　　　　　　　　C.25

14. 按照《餐饮服务食品安全操作规范》规定，以下哪种材质不适合作为墙裙（　　　）。

　　A. 瓷砖　　　　　　　　　B. 涂料　　　　　　　　　C. 铝合金

15. 我国《餐饮服务食品安全操作规范》规定，专间以紫外线灯作为空气消毒装置的，紫外线灯（波长 200~275 纳米）应按功率不小于（　　　）瓦/米³设置，且应分布均匀。

　　A.1.5　　　　　　　　　　B.2.5　　　　　　　　　　C.5.0

16. 以下哪种洗手消毒设施不符合《餐饮服务食品安全操作规范》的要求（　　　）。

　　A. 感应式　　　　　　　　B. 自动关闭式　　　　　　C. 手动开关式

17. 按照《餐饮服务食品安全操作规范》规定，烹饪场所应采用（　　　）。

　　A. 机械排风　　　　　　　B. 自然排风　　　　　　　C. 以上都可

18. 餐饮企业食品加工操作的面积应与（　　　）相适应。

　　A. 就餐场所面积　　　　　B. 供应的最大就餐人数　　C. 以上都是

19. 食品原料与成品的通道与出入口如不能分开，可采用以下方法避免食品受到污染（　　　）。

　　A. 原料、成品进出的时段分开

　　B. 采用不同的专用密闭式车辆分别运送原料或成品

　　C. 以上均可

二、是非题

1. 餐饮业食品加工经营场所内不得圈养、宰杀禽畜类动物。　　　　　　　　（　　）

2. 供应自助餐的，就餐场所的窗户应为封闭式或装有防蝇防尘设施，门应有防蝇防尘设施，宜设空气风幕。　　　　　　　　　　　　　　　　　　　　　　　　（　　）

3. 按照《餐饮服务食品安全操作规范》规定，所有食品和非食品库房应分开设置。
　　　　　　　　　　　　　　　　　　　　　　　　　　　　　　　　　　（　　）

4. 各类专间裙应铺设到墙顶。　　　　　　　　　　　　　　　　　　　　　（　　）

5. 我国《餐饮服务食品安全操作规范》规定，同一库房内贮存不同性质食品和物品的应区分存放区域，不同区域应有明显的标识。　　　　　　　　　　　　　　　（　　）

6. 加工宴席的餐饮企业的冷菜专间面积应较不供应宴席者要大一些，这是为了能够保证在短时间内配制出大量冷菜。　　　　　　　　　　　　　　　　　　　　（　　）

7. 按照《餐饮服务食品安全操作规范》规定，洗手消毒设施附近必须设置相应的清洗、消毒用品，必要时设置干手设施。　　　　　　　　　　　　　　　　　　（　　）

8. 我国《餐饮服务食品安全操作规范》规定，食堂和快餐店必须设备餐专间。（　　）

9. 按照《餐饮服务食品安全操作规范》规定，食品处理区内应设专用于拖把等清洁工具的清洗水池，其位置应不会污染食品及其加工操作过程。　　　　　　　　（　　）

10. 餐饮企业设计排水沟时，排水的流向先后次序应是：粗加工，切配，烹饪，冷菜间，最后排出。　　　　　　　　　　　　　　　　　　　　　　　　　　　　　（　　）

11. 冷菜间内不得设置明沟。　　　　　　　　　　　　　　　　　　　　　（　　）

12. 我国《餐饮服务食品安全操作规范》规定，水蒸气较多场所的天花板设计应有一定坡度，以减少灰尘积聚。　　　　　　　　　　　　　　　　　　　　　　　（　　）

13. 按照《餐饮服务食品安全操作规范》规定，餐饮企业的厕所排污管道可以和食品加工经营场所的排水管道并用，但应有可靠的防臭气水封。（　　）

14. 我国《餐饮服务食品安全操作规范》规定，食品从业人员更衣场所与加工经营场所应处于同一建筑物内。（　　）

15. 按照《餐饮服务食品安全操作规范》规定，凉菜间、裱花间等专间不得不设置两个以上（含两个）的门。（　　）

16. 我国《餐饮服务食品安全操作规范》规定，安装在食品暴露正上方的照明设施宜使用防护罩，以防止破裂时玻璃碎片污染食品。（　　）

17. 餐饮企业如何使用木质门，应坚固、平整，且应尽量采用未经油漆的木门，以免油漆味影响食品。（　　）

18. 按照《餐饮服务食品安全操作规范》规定，废弃物容器应配有盖子，以坚固及不透水的材料制造，内壁应光滑以便于清洗。（　　）

19. 我国《餐饮服务食品安全操作规范》规定，食品容器、工具和设备与食品的接触面应平滑、无凹陷或裂缝，设备内部角落部位应避免有尖角，以避免食品碎屑、污垢等的聚积。（　　）

20. 餐饮企业墙裙的高度应在 1 米以上。（　　）

21. 餐饮企业的清洗水池包括原料清洗和餐具清洗两种。（　　）

22. 餐饮企业合理布局的基本原则是：食品的加工操作从原料到成品的顺序进行安排。（　　）

23. 餐饮企业的门应采用木质结构。（　　）

24. 洗手消毒设施附近应设有相应的清洗、消毒用品和干手设施，并有洗手消毒方法的标志。（　　）

项目6
厨房清洁消毒和虫害控制

如果餐饮酒店厨房加工场所不能维持清洁卫生,具备虫害生存所需要的条件,加工食品就会很容易受到污染。不清洁的场所存在大量的细菌、病毒等微生物,无论加工时多么小心,均很容易在厨房加工环境中传播,从而导致食物污染的发生。因此,餐饮厨房清洁消毒和虫害控制是防止食物中毒的一项非常重要的工作。

学习目标

一、知识目标

✧ 掌握清洁和消毒的概念及其厨房清洁与消毒的总体原则。

✧ 了解餐饮厨房清洁计划的制订方法。

✧ 熟悉餐饮厨房虫害的概念。

二、技能目标

✧ 会餐饮厨房场所、设施、设备清洁的一般方法。

✧ 能对厨房餐具进行清洗消毒。

✧ 会厨房废弃物的处理方法。

✧ 能对餐饮厨房虫害进行控制。

三、情感目标

✧ 通过餐饮厨房清洁消毒和虫害控制的学习,进一步培养食品安全的控制意识,提高食品安全的法律责任意识。

任务 1　厨房清洁与消毒方法

🧁 任务要求

1. 掌握餐饮厨房清洁和消毒的概念及其两者的区别和联系。
2. 会餐饮厨房清洁的方法。
3. 熟练掌握餐饮厨房消毒方法。
4. 了解餐饮厨房清洁计划的制订方法。
5. 熟悉餐饮厨房清洁工具和物品存放食品安全规范。
6. 掌握餐饮厨房抹布使用注意事项。
7. 会餐饮厨房化学品的存放。
8. 熟练掌握餐饮厨房餐具人工清洗及化学消毒的步骤。
9. 会使用洗碗机。
10. 会餐饮厨房餐具贮存。
11. 了解餐饮厨房垃圾处理的方法。
12. 熟悉餐饮厨房废弃油脂处理法定要求。

🧁 情境导入

2000 年 9 月，上海某职业学校 100 余名食用学校食堂午餐的师生出现严重的腹痛、腹泻、高热、里急后重等食物中毒症状，疾控中心医生在数十名患者的肛拭中检出痢疾杆菌，确认这是一起菌痢暴发。FDA 对该校食堂的调查表明：食堂内没有专用的餐具清洗水池，餐具清洗与食品原料清洗同用一个水池，使食品原料中的痢疾杆菌通过清洗过程交叉污染至餐具。餐具虽规定用蒸饭箱进行消毒，但并未严格落实，从而导致了本起严重的菌痢食物中毒暴发事件的发生。

🧁 知识准备

6.1.1　厨房清洁和消毒的总体原则

餐饮厨房的任何场所、食品接触面都必须进行清洁，接触直接入口食品的工具、餐具以及表面还必须进行消毒，所以清洁和消毒并不是一回事。

1）清洁和消毒的概念及两者的区别和联系

餐饮厨房清洁一般是用水和清洁剂去除原料夹带的杂质和原料、餐用具、设备和设施等表面的可见污垢的操作过程。餐饮厨房消毒一般是指用物理或化学方法破坏、钝化厨房环境、设备设施及餐用具的有害细菌、病毒等有害微生物的操作过程。清洁是看得见的，但是否消毒是肉眼看不见的。

2）厨房清洁的方法、消毒方法

（1）厨房清洁方法

厨房不同场所、设施、设备及工具的清洁方法如表6.1所示。

表 6.1　餐饮厨房场所、设施、设备及工具清洁方法

项　目	频　率	使用物品	方　法
地　面	每天完工或有需要时	扫帚、拖把、刷子、清洁剂	①用扫帚扫。 ②用拖把和清洁剂拖地。 ③用刷子刷去余下污物。 ④用水彻底冲净。 ⑤用干拖把拖干地面。
排水沟	每天完工或有需要时	铲子、刷子、清洁剂和消毒剂	①用铲子铲去沟内大部分污物。 ②用水冲洗排水沟。 ③用刷子刷去沟内余下污物。 ④用清洁剂、消毒剂洗净排水沟。
墙壁、天花板（包括照明设施）及门窗	每月一次或有需要时	抹布、刷子和清洁剂	①用干布除去干的污物。 ②用湿布抹擦或用水冲刷。 ③清洁剂清洗。 ④用湿布抹净或用水冲净。 ⑤风干。
冷　库	每周一次或有需要时	抹布、刷子和清洁剂	①清除食物残渣及污物。 ②用湿布抹擦或用水冲刷。 ③用清洁剂清洗。 ④用湿布抹净或用水冲净。 ⑤用清洁的抹布抹干/风干。
工作台及洗涤盆	每次使用后	抹布、清洁剂和消毒剂	①清除食物残渣及污物。 ②用湿布抹擦或用水冲刷。 ③用清洁剂清洗。 ④用湿布抹净或用水冲净。 ⑤用消毒剂消毒。 ⑥风干。
工具及加工设备	每次使用后	抹布、刷子、清洁剂和消毒剂	①清除食物残渣及污物。 ②用水冲刷。 ③用清洁剂清洗。 ④用水冲净。 ⑤用消毒剂消毒。 ⑥风干。
排烟设施	表面每周一次内部清洗，每年不少于两次	抹布、刷子及清洁剂	①用清洁剂清洗。 ②用刷子、抹布去除油污。 ③用湿布抹净或用水冲净。 ④风干。
废弃物暂存容器	每天完工或有需要时	刷子、清洁剂及消毒剂	①清除食物残渣及污物。 ②用水冲刷。 ③用清洁剂清洗。 ④用水冲净。 ⑤用消毒剂消毒。 ⑥风干。

餐饮厨房出现下述情况就必须清洁：

①场所、食品接触面每次使用后以及在开始另一项加工前。

②场所、食品接触面受到污染后。

③食品操作台面及工具在食品加工操作过程中每隔 3~4 小时。

在选择清洁剂时，必须考虑到污垢的性质，被清洗物品的材质，手是否接触，是否用机器清洁及水的硬度等因素。下面这些因素会影响清洁的效果：

①污垢性质。时间较长的、干的或焙烤产生的污垢，以及一般较软的或新产生的污垢不容易去除。

②水的硬度。硬度太高的水不易洗净，因为这样的水可能会和清洁剂、被清洗物质等发生化学反应，降低清洗效果。

③水温。通常水温越高，清洗效果越好，越容易清洗。

④清洁剂的选择。不同的清洗表面，最合适的清洁剂可能是不同的。

⑤作用时间。清洁剂的作用时间越长，污垢越容易被清洗。

（2）餐饮厨房消毒方法

①热力消毒。餐饮厨房热力消毒是指通过采用煮沸、蒸汽、红外等加热而清除厨房环境、设备设施及餐用具有害细菌、病毒的过程。

热力消毒分为湿热和干热消毒两种，湿热消毒的效果比干热消毒的效果要好。热力消毒温度越高，杀菌需要的时间越短。

热力消毒应定期用温度计检查水温，煮沸、蒸汽消毒保持在 100 ℃，10 分钟以上。红外线消毒一般将温度控制在 120 ℃以上，时间保持 10 分钟以上。洗碗机消毒一般将水温控制在 85 ℃，冲洗消毒 40 秒以上。

热力消毒操作简单，效果好，是对餐具、工具进行消毒的首选。

②化学消毒。餐饮厨房化学消毒是指通过采用化学消毒剂清除厨房环境、设备设施及餐用具有害细菌、病毒的过程。影响化学消毒剂效果的主要因素有：消毒剂溶液的浓度、温度和接触消毒液的时间等。化学消毒应注意的事项有：

A. 使用的消毒剂应在保质期内，并按规定的温度等条件贮存。

B. 严格按规定浓度进行消毒液配制，固体消毒剂应充分溶解。

C. 配好的消毒液应定时更换，一般每 4 小时更换一次。

D. 使用时，定时测量消毒液浓度，浓度低于要求时应立即更换或适量补加消毒液。

E. 保证消毒时间，一般餐用具消毒应作用 5 分钟以上或按消毒剂产品使用说明操作。

F. 应使消毒物品完全浸没于消毒液中。

G. 餐用具消毒前应洗净，避免油垢影响消毒效果。

H. 消毒后以洁净水将消毒液冲洗干净，沥干或烘干。餐饮厨房常用化学消毒剂特点比较详见表 6.2。

表 6.2　餐饮厨房常用化学消毒剂特点比较

类　别	含氯消毒剂	碘消毒剂	季铵盐消毒剂
常见品种	漂白粉精、次氯酸钠、二氯异氰尿酸钠、三氯异氰尿酸钠	碘伏	新洁尔灭

类　别	含氯消毒剂	碘消毒剂	季铵盐消毒剂
优点	①杀菌谱广、作用迅速、杀菌效果可靠。 ②毒性低。 ③使用方便、价格低廉。	①速效、低毒，对皮肤无刺激。 ②易溶于水，兼有消毒、洗净两种作用。	①无难闻的刺激气味。 ②易溶于水。 ③有表面活性作用。 ④耐光耐热。 ⑤性质较稳定，可以长期贮存。
缺点	①不稳定，有效氯易丧失。 ②对织物有漂白作用。 ③有腐蚀性。 ④易受有机物、pH值等的影响。	①受有机物影响大。 ②对铝、铜、碳钢等二价金属有腐蚀性。	①易受有机物的影响。 ②吸附性强，抹布等浸泡后可使溶液浓度明显下降。
杀菌作用	能杀灭细菌繁殖体、病毒、真菌孢子及细菌芽孢。	能杀灭细菌繁殖体、结核杆菌及真菌和病毒，但不能杀灭细菌芽孢。	对化脓性细菌、肠道菌及部分病毒有一定的杀灭能力，对结核杆菌真菌的杀灭效果不好，对细菌芽孢仅能起抑制作用。
使用范围	食品、餐具、设施、皮肤等	皮肤	皮肤、物品

6.1.2　厨房场所、设施、设备清洁

餐饮厨房如能妥善清洁与消毒，能使食品受到污染和食物中毒的风险大大降低。

1）餐饮厨房清洁计划的制订方法

为使餐饮厨房达到符合食品安全要求的清洁水平，餐饮厨房应制订清洁、消毒计划，确保定期和有系统地清洁、消毒食品加工场所、设备和用具。一个周详的清洁、消毒计划应包括：
①需要清洁、消毒的场所、设备和用具。
②需隔多久清洁、消毒一次。
③各项标准清洗、清洁、消毒程序。
④清洗、消毒时须使用的物品（包括设备、洗涤剂和消毒剂）和方法。
⑤每项清洁、消毒工作负责实施的人员。

2）餐饮厨房清洁工具和物品的存放

厨房清洁工具和物品存放的食品安全要求有：
①拖把、地刷、扫帚、簸箕等清洁工具应有专门的清洗存放场所。
②清洗清洁工具用的水池应与清洗食品、餐具的水池分开设置，并能够明显加以区别。
③清洁工具应在清洗后再存放在固定场所。
④清洗后的清洁工具应采用吊挂等方式自然晾干。

3）餐饮厨房抹布使用注意事项

厨房抹布使用的食品安全要求有：
①应采用浅色系布料制作，以便及时发现污物。
②使用不同的抹布擦拭不同的表面，如原料加工操作台、烹饪加工操作台、厨房墙面、餐桌、冷菜间等应分别使用不同的抹布，并用颜色区分不同的抹布。
③擦拭直接入口食品接触面的抹布应进行消毒处理。

4）餐饮厨房化学品的存放

厨房化学品存放的食品安全要求有：

①不能将化学药品、洗涤剂或者杀虫剂与食品、食品工用具或者设备存放在一起，这些物品必须放置在固定场所（或橱柜）并上锁，由专人保管。

②将化学药品存放在原包装的瓶子或盒子中。

5）厨房餐具人工清洗及化学消毒的步骤

在清洗餐具之前，应清洁和消毒所有水池以及与被清洗物品接触的表面。

（1）人工清洗及化学消毒

①去污。将剩饭菜倒入垃圾桶内，刮净餐具表面。

②清洗。在第一个水池内用热的洗涤剂水溶液清洗物品。

③过洗。在第二个水池内用干净的温水冲洗物品。

④消毒。在第三个水池内将被消毒的物品完全浸没在消毒液中，保持规定的时间，并用试纸测试消毒液浓度是否符合食品安全要求。

⑤晾干。在空气中晾干餐具，不要用毛巾擦干，以免导致二次污染。

（2）人工清洗及热力消毒

清洗方法相同，人工清洗后采用热力消毒。煮沸、蒸汽消毒通常应保持 100 ℃ 10 分钟以上，红外线消毒通常为 120 ℃保持 10 分钟以上，消毒时注意餐具之间应保留一定的空隙，以便热力能够到达每一件餐具。

6）餐饮厨房洗碗机的使用

目前市场上的洗碗机按消毒方式分为热力消毒与化学消毒洗碗机二种，按工作方式又可分为罩式、传送式等多种。

（1）洗碗机清洗步骤

洗碗机清洗餐具的食品安全要求步骤是：

①检查洗碗机以确保其干净和正常运转。

②将剩饭菜倒入垃圾箱中，如有干的食物残渣粘在餐具表面，应预先进行浸泡。

③将餐具放入洗碗机中并保证洗碗机没有超负荷。

④在空气中晾干餐具，不要用毛巾擦干。

⑤为保证消毒效果，要定期检查洗碗机上的水温指示装置，并定期用温度计进行测量。

（2）洗碗机使用注意事项

洗碗机使用应注意的事项有：

①热力消毒洗碗机最后步骤的冲洗对于消毒效果十分重要，水温和时间应符合洗碗机生产企业给出的参数。

②每天至少一次对洗碗机的清洁状况进行检查，重点是清洁消毒剂贮存容器、喷嘴和塑料帘等可能影响到餐具卫生的部位。

③确保有足够多的清洁消毒剂。

④确保餐具表面应朝向洗碗机的喷水孔。

⑤餐具应放在洗碗机专用的架子上，餐具之间要留有一定的空隙。

⑥定期检查水温和压力，使洗碗机时刻处于良好的状态。

⑦对于不能放入洗碗机清洗的大型工用具，必须配备能浸没工用具体积大小的专用容器，进行有效的化学消毒。

7）厨房餐具贮存

厨房餐具贮存（又称保洁）的目的是防止已清洗消毒过的餐用具受到二次污染，厨房餐具贮存的食品安全要求有：

①保洁设施的结构应密闭，可以采用保洁柜、盒饭、桶饭餐饮企业或大型餐饮企业可采用保洁专间。

②保洁柜、保洁专间应每2~3天定期进行消毒。

③餐饮工用具在存放时食品接触面应朝下（如图6.1厨房餐具贮存方法）。

图 6.1　厨房餐具贮存方法

6.1.3　厨房消毒液配制方法

厨房消毒液配制方法是：以每片含有效氯 0.25 克的漂粉精片配制 1 升的有效氯浓度为 250 毫克 / 升的消毒液为例：

①在专用消毒容器中事先标好 1 升的刻度线。

②容器中加水至刻度线。

③将 1 片漂粉精片碾碎后加入水中。

④搅拌至药片充分溶解。

6.1.4　餐厨厨房废弃物处理

我国《餐饮服务食品安全操作规范》第三十九条餐厨废弃物处置要求规定：

①餐饮企业应建立餐厨废弃物处置管理制度，将餐厨废弃物分类放置，做到日产日清。

②餐厨废弃物应由经相关部门许可或备案的餐厨废弃物收运、处置企业或个人处理。餐饮企业应与处置企业或个人签订合同，索取其经营资质证明文件复印件。

③餐饮企业应建立餐厨废弃物处置台账，详细记录餐厨废弃物的种类、数量、去向、用途等情况，定期向相关监管部门报告。

1）餐厨垃圾处理的方法

（1）餐厨垃圾存放设施

餐厨垃圾存放设施的食品安全要求有：

①垃圾桶应配有盖子，用坚固、不透水的材料制造，内壁光滑以便清洗。

②垃圾桶内应套有垃圾袋。

③厨房内垃圾桶放置地点距操作台、货架等至少保持 1.5 米。

④厨房外宜设结构密闭的垃圾房，用于临时存放垃圾。

（2）餐厨垃圾的存放

餐厨垃圾存放的食品安全要求有：

①垃圾桶内的垃圾不宜超过桶高的3/4，以免因装得太满而不能扎紧垃圾袋和盖上桶盖。

②桶内垃圾装满后应及时清除，未满的至少每天清除一次，将垃圾袋扎紧送至垃圾房。

③只有在倒垃圾时，才可以打开垃圾桶盖，以免污染环境和散发异味，倒完垃圾后应立即洗手。

（3）餐厨垃圾桶的清洗消毒

餐厨垃圾桶清洗的食品安全要求有：

①清除垃圾后的垃圾桶每日进行清洗消毒。

②清洗时用清洁剂加热水，用硬毛刷彻底刷洗桶内外及边缘。

③消毒时用消毒剂加冷水配合专用抹布进行擦拭。

④将垃圾桶自然晾干或用专用抹布擦干，套上垃圾袋待用。

2）餐饮厨房废弃油脂处理的法定要求

餐饮厨房废弃油脂处理食品安全的法定要求是：

①应安装油水分离器或隔油池等废弃油脂处理设施，不得直接向外排放。

②应与具有废弃油脂回收资质的企业签订收运处置协议。

③对每日产生的废弃油脂进行台账登记，做到日产日清，流向清楚。

④配备有明显标识的专用餐饮废弃油脂收集容器。

⑤向绿化市容部门如实申报。

🧁**学生活动　厨房菜肴盛器人工清洗五大步骤实践（去污、清洗、过洗、消毒、晾干）**

在学校烹饪实训中心、教学餐厅或食堂实践厨房菜肴盛器人工清洗过程。

［参考答案］

去污 ▶ 清洗 ▶ 过洗 ▶ 消毒 ▶ 晾干

将剩饭菜倒入垃圾桶内，刮净餐具表面；在第一个水池内用热的洗涤剂水溶液清洗物品；在第二个水池内用干净的温水冲洗物品；在第三个水池内将被消毒的物品完全浸没在消毒液中，保持规定的时间，并用试纸测试消毒液浓度是否符合食品安全要求；在空气中晾干餐具，不要用毛巾擦干，以免导致二次污染。

🍴任务 2　餐饮厨房虫害控制

🧁**任务要求**

1. 了解餐饮厨房虫害概念及其危害。

2. 熟悉预防餐饮厨房虫害入侵的方法。

3. 掌握餐饮厨房虫害的控制方法。

4. 熟悉餐饮厨房虫害控制中的化学药物污染预防。

🧁 情境导入

2012 年 7 月，福建某市一家快餐配送企业在加工盒饭过程中突遇临时停电，因当时已有单位订购盒饭，该快餐配送企业就在光照条件很差的应急灯下继续加工，结果一只老鼠钻进炒菜锅中，因加工环境昏暗不清，厨师在炒菜时将老鼠铲断，并将两段死鼠分别装进两盒盒饭中送到订购单位。该起事件在当地造成了极坏的影响。

🧁 知识准备

6.2.1 餐饮厨房虫害的概念及其危害

1）餐饮厨房虫害

餐饮厨房虫害泛指任何停留在厨房食品中的动物，如昆虫、老鼠等，所有虫害都严重威胁着食客们的健康。餐饮厨房常见的虫害有：蟑螂、苍蝇、蚂蚁和老鼠等，他们将导致疾病的细菌留在食物及与食物接触的表面上。

2）虫害生存条件

餐饮厨房易招引虫害是因为厨房具备它们生存所需要的条件，这些条件包括：

①厨房贮藏、加工或废弃的食物及地面积水或加工中使用的水，为虫害获得生存提供了所需的食物养料。

②不经常移动的冰箱下面、橱柜后面等场所，使虫害获得不受干扰的生存空间。

③来自加热系统或加工过程的温暖环境，提供了适宜虫害生存的环境（如图 6.2 厨房有好东西吃）。

图 6.2 厨房有好东西吃

3）餐饮厨房虫害出没迹象

对餐饮厨房虫害出没迹象的了解，有助于及早发现厨房食品加工场所和食品是否受到虫害的侵袭，厨房虫害出没迹象的表现主要有：

①鼠粪、鼠洞、鼠道、鼠齿痕、鼠脚印及擦痕。

②炉灶、热水管或洗涤盆后面、碗柜内及任何阴暗和温暖的地方有蟑螂卵和粪便，以及令人难以忍受的蟑螂臭味。

③在有食物的地方，有苍蝇粪便和呕吐物。

④其他的迹象表现还有：害虫尸体、被咬断的管道和电线、被咬破的食品包装等。

6.2.2 餐饮厨房虫害控制

餐饮厨房要预防虫害侵入，总体原则是：

①必须经常保持厨房的清洁卫生。

②厨房食品加工场所的结构如有任何破坏，须立即进行修补，并采取预防措施，堵塞虫害的入口。

③食物和废弃物应妥善存放，以切断虫害的食物来源。

1）预防餐饮厨房虫害入侵的方法

（1）防止虫害进入

餐饮厨房防止虫害进入的方法有：

①厨房食品加工场所的天花板、墙壁及地面的洞穴和裂缝用水泥或金属片修补。

②门与地面之间的空隙应不超过6毫米门的下边缘以金属包覆，以防老鼠啃咬后进入。

③排水口出口和排气口应有网眼孔直径小于6毫米的金属隔栅或网罩，以防老鼠侵入。

④安装纱门纱窗，防止苍蝇进入。

⑤与外界相通的门应为自闭式，并经常关闭。

图6.3 老鼠喜食甜食

（2）清除虫害藏身地点

清除虫害藏身地点的主要方法有：

①厨房食品加工场所的墙壁、地面、天花板、木质部分及其他结构如有破坏，应立即得到修缮。

②应不时移动长久放置的设备和货物，以防老鼠和蟑螂藏匿（如图6.3 老鼠喜食甜食）。

（3）断绝虫害的食物来源

断绝餐饮厨房虫害食物来源的主要方法有：

①所有食物与调味品均须以密闭容器存放，并远离地面。

②厨房加工场所地面应经常保持清洁，地面上没有食物残渣，特别是不可留过夜。

③垃圾桶加盖，至少每天清除一次，清除时把垃圾袋口扎紧。

④厨房排水沟应保持清洁，不应有食物残渣。

2）餐饮厨房虫害的控制方法

（1）厨房昆虫的控制

①厨房杀虫剂的使用。在餐饮厨房昆虫的控制中，使用杀虫剂是一种较为有效的方法，常用的杀虫剂有两类：一类是残留式杀虫剂，杀虫过程较为缓慢，杀虫剂在虫体表面形成一层药膜，与其他个体接触后可将药物播散到其他虫只上；另一类是触杀式杀虫剂，昆虫接触后即被杀死，常用于杀灭成群的虫只。

②昆虫毒饵的使用。厨房昆虫的控制也可以使用毒饵，主要用于杀灭蟑螂、苍蝇、蚂蚁。其优点是：对餐饮厨房食品加工场所的影响不大，放置诱饵的同时不影响操作。

③厨房灭蝇灯的使用。厨房灭蝇灯一般用于杀灭趋光性昆虫，其使用的食品安全要求是：

A. 为防止昆虫触杀后掉入食品中，灭蝇灯应距离处理食物的区域至少1.5米，如为直接入口食品最好在4～6米或更远。

B. 灭蝇灯应悬挂于距地面2米左右的高度。

C. 灭蝇灯宜设置在进入库房或厨房后的靠墙位置，这是昆虫进入的必经路线。但不应直接设置在库房或厨房的进门正中处，以免引诱昆虫进入。

（2）厨房老鼠的控制

厨房老鼠的控制可使用捕鼠器械，如捕鼠笼、捕鼠盒、捕鼠夹、粘鼠板及毒饵等，使用的食品安全要求是：

①应沿着厨房食品加工场所的墙壁、墙角或鼠类经常活动的路径设置，捕鼠笼、捕鼠夹起作用的部位，如笼门、触发点应靠墙并与墙间隔2～3厘米。

②使用捕鼠器时应用新鲜食物诱引老鼠。

③厨房和库房进门两侧处可放置鼠夹，其余位置每隔8～10米放置粘鼠板；

④厨房建筑物外围可以放置捕鼠笼、捕鼠盒。捕鼠器械需平稳，以免发生摇动后把老鼠吓走。

⑤捕鼠器或毒饵放置后不要经常移动，应观察一周左右，如毒饵未吃但仍有鼠活动才变动位置。

⑥每次投放的毒饵应适量，待老鼠取食后再补充，以免放久发霉。

3）厨房虫害控制中的化学药物污染预防

厨房虫害控制中的化学药物污染预防可采取以下措施：

①为防止灭鼠药、杀虫剂的污染，餐饮厨房控制虫害应以器械为首选，器械无效时才使用化学药物进行控制。

②使用化学药物灭虫后，食品加工场所内的任何设备、食具及接触食物的表面，均需彻底清洁。

③最好委托专业的防治虫害机构，如所辖地区疾控中心来杀灭虫害。使用灭鼠药剂杀虫时，应避免污染食物，不得在厨房加工期间使用，使用时应将所有食品和加工工具盖好加以保护。

④任何已被虫害或防虫药物污染的食品，都必须丢弃。

🧁学生活动　1.情境导入讨论　2.厨房老鼠夹、灭蝇灯的使用

[参考答案]

1.在任务2的情境导入案例中，由于厨房环境卫生差，地面存在大量的食物残渣，排水沟出口处又未设置防鼠网罩，使得老鼠很方便地通过排水沟进入厨房，从而导致事件的发生。

2.厨房老鼠夹应沿着墙壁、墙角、厨房和库房进门两侧或鼠类经常活动的路径设置。老鼠夹应靠墙，与墙间隔2～3厘米，每次投放的毒饵应适量，待老鼠取食后再补充，以免久放发霉。

3.厨房灭蝇灯距离处理食物的区域为1.5～6米，并悬挂于距地面2米左右的高度，灭蝇灯宜设置在进入库房或厨房后的靠墙位置，不应直接设置在库房或厨房的进门正中处。

[思考与练习]

一、单选题

1.餐饮具消毒的目的是（　　　）。

　　A.去除表面的污垢　　　B.杀灭致病性微生物　　　　C.杀灭所有微生物

2.餐饮具和工具的消毒方法应首选（　　　）。

　　A.消毒液　　　　　　　B.紫外线　　　　　　　　　C.蒸煮

3. 以下哪种物品使用前可以不消毒？（　　　）

    A. 水果榨汁机　　　　　B. 点心操作台　　　　　C. 餐厅分餐工具

4. 某餐饮厨房盛装熟菜的不锈钢盆因体积过大无法放入洗碗机和蒸箱，这时应如何处理这些不锈钢盆（　　　）。

    A. 在专用水池内用洗涤剂洗

    B. 在专用水池内用消毒液浸泡

    C. 在专用水池内用沸水冲洗

5. 以下餐具消毒方法不正确的是（　　　）。

    A. 煮沸　　　　　　　　B. 蒸汽　　　　　　　　C. 热水冲洗

6. 以下关于清洁效果的说法不正确的是（　　　）。

    A. 时间较长的、干的污垢一般较软的或新产生的污垢不容易清洗

    B. 硬度太低的水会降低清洗效果

    C. 通常水温越高，越容易清洗

7. 符合食品安全要求的煮沸消毒方法是（　　　）。

    A. 煮沸后即可　　　　　B. 煮沸后保持 5 分钟以上　　C. 煮沸后保持 10 分钟以上

8. 以下哪种消毒方法用于不锈钢餐盘的效果最佳（　　　）。

    A. 酒精消毒　　　　　　B. 含氯制剂消毒　　　　　C. 蒸汽消毒

9. 以下哪种是最实用和有效的配制消毒液的方法？（　　　）

    A. 在容器中配制好消毒液后，再倒入专用水池中

    B. 在专用水池中加入经称量的一定重量的水，再按比例加入消毒剂

    C. 在标有刻度的专用水池中加水至刻度线，再按比例加入消毒剂

10. 以下关于餐具清洗消毒的说法中，不正确的是（　　　）。

    A. 洗刷餐具应有专用水池，不得与清洗蔬菜、肉类的水池混用

    B. 消毒后餐具应及时贮存在专用的保洁柜内

    C. 化学消毒是效果最好的消毒方法

11. 我国《餐饮服务食品安全操作规范》规定，餐饮具采用化学消毒的，至少应设的专用水池数为（　　　）。

    A. 2　　　　　　　　　　B. 3　　　　　　　　　　C. 4

12. 以下哪种容器使用前可以不消毒？（　　　）

    A. 盛放待调味的海蜇，事先经清洗

    B. 盛放待烹饪的半成品，事先经油炸

    C. 盛放待分装至饭盒的饭菜

13. 按照《餐饮服务食品安全操作规范》规定，厨房废弃物至少应（　　　）清除一次。

    A. 半天　　　　　　　　B. 1 天　　　　　　　　C. 2 天

14. 以下几种消毒方式中，消毒效果最好的通常是（　　　）。

    A. 红外线消毒　　　　　B. 消毒液消毒　　　　　C. 蒸汽消毒

15. 我国《餐饮服务食品安全操作规范》规定，抹布一般应采用（　　　）布料，以便及时发现污染物。

    A. 浅色　　　　　　　　B. 深色　　　　　　　　C. 白色

16. 碘伏适宜消毒的对象是（　　　　）。

　　A. 餐具　　　　　　　　B. 手　　　　　　　　C. 食品

17. 拖把、抹布等清洁工具和物品应（　　　　）。

　　A. 有专门的贮存间存放　　　B. 有专门的场所存放　　　C. 以上均可

18. 关于餐饮具和食品工用具贮存的要求，不正确的是（　　　　）。

　　A. 采用密闭的保洁柜

　　B. 保洁柜应定期进行清洁消毒

　　C. 食品工用具在存放时，食品接触面应朝上

19. 以下哪项是虫害生存所需的条件（　　　　）。

　　A. 食物和水　　　　　B. 不易受到干扰和温暖的场所　　C. 以上都是

20. 使用捕鼠器械和毒饵时应注意（　　　　）。

　　A. 沿着墙壁、墙角或鼠类经常活动的路径设置

　　B. 捕鼠器中诱鼠用的食物应新鲜

　　C. 以上都是

21. 预防厨房虫害侵入的措施包括（　　　　）。

　　A. 清除虫害的藏身地点　　　B. 断绝虫害的食物来源　　　C. 以上都是

22. 餐饮厨房使用杀虫剂、灭鼠药时，首先应注意的是（　　　　）。

　　A. 虫害杀灭的效果　　　B. 不对食品和操作设备造成污染　　　C. 以上都不是

23. 我国《餐饮服务食品安全操作规范》规定，排水沟出口和排气口应有网眼孔径小于（　　　　）的金属隔栅或网罩，以防老鼠侵入。

　　A. 6 毫米　　　　　　　B. 10 毫米　　　　　　　C. 8 毫米

24. 根据《餐饮服务食品安全操作规范》规定，使用灭蝇灯的，应悬挂于距地面（　　　　）左右的高度，且应与食品加工操作保持一定距离。

　　A. 1.0 米　　　　　　　B. 1.5 米　　　　　　　C. 2.0 米

25. 厨房食品加工场所灭蝇灯应设置在（　　　　）。

　　A. 灭蝇灯宜设置在进入库房或厨房后的靠墙位置

　　B. 食品加工操作区域上方

　　C. 以上都是

26. 餐饮厨房杀灭虫害的方式，通常应首选（　　　　）。

　　A. 器械　　　　　　　　B. 药物　　　　　　　　C. 以上都不是

27. 使用药物杀灭虫害应注意（　　　　）。

　　A. 不得在食物加工期间使用，用药时要将所有食物和工用具盖好加以保护

　　B. 用药后，场所内的任何设备、食具及食物接触面均需彻底清洁

　　C. 以上都是

28. 部署捕杀虫害器械，较适宜放置的位置是（　　　　）。

　　A. 沿着墙壁、墙角　　　B. 厨房内食物较多处　　　C. 以上都是

二、是非题

1. 消毒后的餐饮具应使用干净的毛巾或抹布擦干。　　　　　　　　　　　　　（　　　　）

2. 清洁后清洁工具应采用吊挂等方式自然晾干。（　　）

3. 蒸汽、煮沸比红外线消毒柜消毒效果好。（　　）

4. 漂白精片是效果最好的消毒方式。（　　）

5. 我国《餐饮服务食品安全操作规范》推荐，配好的消毒液一般应每 6 小时更换 1 次。

（　　）

6. 洗刷餐饮具必须有专用水池，不得与清洗蔬菜、肉类的水池混用。（　　）

7. 已消毒和未消毒的餐饮具应分开存放，保洁柜内不得存放其他物品。（　　）

8. 一次性餐饮具经消毒后也不可重复使用。（　　）

9. 擦拭直接入口食品接触面的抹布应进行消毒处理。（　　）

10. 有效的清洁能够去除污物，清除有害病菌和病毒。（　　）

11. 食品加工场所、食品接触面必须进行清洗，以减少食品受到的污染。（　　）

12. 在同样的温度下，湿热消毒的效果比干热消毒的效果好。（　　）

13. 化学消毒是最好的消毒方式。（　　）

14. 配好的消毒液一般每 4 小时更换 1 次。（　　）

15. 餐饮具人工清洗时必须至少设两个水池。（　　）

16. 餐饮厨房杀灭昆虫的首选方法，是采用符合要求的气雾杀虫剂。（　　）

17. 为了控制虫害，在加工食物期间可以使用杀虫剂。（　　）

18. 根据《餐饮服务食品安全操作规范》规定，杀虫剂、杀鼠剂存放应有固定场所（或橱柜）并上锁，包装上应有明显的警示标志，并由专人保管。（　　）

19. 我国《餐饮服务食品安全操作规范》规定，杀虫剂、杀鼠剂的采购及使用应有详细记录，包括使用人、使用目的、使用区域、使用量、使用及购买时间、配制浓度等。使用后应进行复核，并按规定进行存放、保管。（　　）

20. 食品加工场所保持清洁，地面无食物残渣是预防虫害侵入的措施之一。（　　）

21. 我国《餐饮服务食品安全操作规范》规定，与外界相通的门应为自闭式，并经常关闭。（　　）

22. 不时移动长久存放的设备和货物，能防止老鼠和蟑螂藏匿。（　　）

23. 驱虫剂不但能阻止昆虫进入某一区域，还能杀灭昆虫。（　　）

24. 捕鼠器或毒饵放置后不要经常移动，应观察数日，如无老鼠前来才变动位置。

（　　）

25. 餐饮厨房食品加工场所使用防虫药物后，该场所内的任何设备、餐饮具及接触食物的表面，均必须彻底清洁。（　　）

26. 餐饮厨房食品加工场所灭蝇灯应设置在处理食物区域的上方。（　　）

27. 为防止餐饮厨房食品加工场所虫害进入、门与地面之间的空隙应不超过 6 毫米。

（　　）

28. 预防餐饮厨房食品加工场所虫害侵入的措施包括防止虫害和断绝虫害的食物来源两部分。（　　）

29. 厨房虫害生存的条件包括食物、场所、温暖、水分。（　　）

30. 餐饮厨房食品加工场所使用杀虫剂应避免污染食品，在加工食物期间不得使用。

（　　）

项目7
餐饮厨房从业人员健康和卫生

人体是一种常见的污染来源，在餐饮厨房食品加工操作过程中的许多环节，从业人员如果不注意个人卫生与健康，有可能会污染食品。所以，从业人员保持良好的个人卫生与健康，是防止食品污染的重要措施。

学习目标

一、知识目标

◇ 了解餐饮厨房从业人员污染食品的途径。

◇ 掌握餐饮厨房从业人员健康状况的检查和报告的法定要求。

◇ 熟悉餐饮厨房从业人员个人卫生的食品安全要求。

◇ 熟悉餐饮厨房专间操作人员的特殊卫生要求。

二、技能目标

◇ 会餐饮厨房工作服的正确穿戴。

◇ 能按食品安全要求的六大步骤对手部进行清洗和消毒。

三、情感目标

◇ 通过餐饮厨房从业人员健康和卫生的学习，进一步培养食品安全的责任意识，提高食品安全的法律责任意识。

任务 1 　餐饮厨房从业人员健康和卫生识别

任务要求

1. 了解餐饮厨房从业人员污染食品的途径。
2. 会餐饮厨房从业人员污染食品的预防方法。
3. 熟悉餐饮厨房从业人员检查和报告健康状况的重要性。
4. 掌握餐饮厨房从业人员检查和报告健康状况的法定要求。

情境导入

　　2000 年 9 月，上海某区两所小学的学生在食用某营养配膳有限公司供应的盒饭后，有 100 余名学生出现腹泻、呕吐、发热等食物中毒症状。区疾控中心医务人员从食物中毒学生患者的肛拭、剩余盒饭及该公司一名厨师的肛拭样品中均检出痢疾杆菌。FDA 进一步调查发现，该厨师数天前就自感腹部不适、大便稀溏，但仍带病坚持上班，且承担炒菜和盒饭分装两项任务，当日上午的工作间隙还上过两次厕所。

知识准备

7.1.1　餐饮厨房从业人员污染食品的途径与预防

　　餐饮厨房从业人员不良的健康状况、卫生习惯和防护措施都有可能使食品受到污染。

　　1）餐饮厨房从业人员污染食品的途径

　　（1）有碍食品安全的疾病

图 7.1　带病上岗

　　餐饮厨房从业人员如出现腹泻、腹痛、恶心、呕吐、眼耳鼻分泌液体、手部存在发炎甚至化脓的伤口等症状，其自身就有可能携带了致病性细菌或病毒，食品加工过程中极易使食品受到污染（如图 7.1 带病上岗）。

　　当然，如果没有上述这些症状也不一定能保证厨房从业人员健康，许多食物中毒或传染病存在无症状的携带者，如沙门氏菌或在感染后无症状的潜伏期内也可以传播疾病，如甲型肝炎。

　　（2）从业人员不清洁的手

　　厨房从业人员手部受到污染后不洗手，或者接触食品原料、半成品后未经清洗接触食品，就有可能污染食品。

　　（3）从业人员不清洁的工作服

　　厨房从业人员在下述情况下有可能污染食品：

①未穿工作服、戴工作帽，或者工作服不清洁。

②接触食品原料和成品膳食的从业人员，工作服不分或混用（如图7.2 如此烧烤加工）。

图7.2 如此烧烤加工

（4）从业人员不良的卫生习惯

厨房从业人员一些简单的举动或个人行为都有可能污染食品，如：

①在加工场所进食、饮水或吸烟。

②在加工场所吐痰、吐口水、咳嗽或打喷嚏。

2）餐饮厨房从业人员污染食品的预防

餐饮厨房从业人员，尤其是厨师污染食品的预防措施有：

①要特别注重个人良好的卫生习惯，尤其是手部卫生，食品加工前要正确进行手部清洗消毒。

②穿戴干净卫生的工作服。

③不在厨房烹饪加工场所进食、喝水、抽烟。

④厨房专间操作人员要按《饮食服务食品安全操作规范》的要求严格执行。

7.1.2 餐饮厨房从业人员健康状况检查和报告制度

1）检查和报告健康状况的重要性

餐饮厨房从业人员与食品接触密切，一旦患有有碍食品安全的疾病，交叉污染食品的机会极大，从而导致餐饮食物中毒的形成。所以，检查和报告厨房从业人员的健康状况，对于餐饮食物中毒的预防具有极其重要的意义和作用，使餐饮食物中毒杜绝于萌芽状态。

2）餐饮厨房从业人员健康状况检查和报告的法定要求

（1）检查和报告健康状况法定要求

根据《食品安全法》及其实施条例对餐饮厨房从业人员健康状况和报告的相关规定：食品生产经营人员每年应当进行健康检查，取得健康证明后方可参加工作。如患有以下疾病，不得参加接触直接入口食品的工作：

①痢疾。

②伤寒。

③甲型、戊型病毒性肝炎等消化道疾病。

④活动性肺炎。

⑤化脓性或者渗出性皮肤病。

⑥其他有碍食品安全的疾病。

（2）健康证明

餐饮厨房从业人员健康证明只能表明体检时的健康状况，并不能保证1年内不会再患有有碍食品安全的疾病，因此要随时进行自我检查。厨房从业人员在这些疾病的发病初期甚至症状出现之前，就有可能已经开始排出致病细菌或病毒。对于发现如腹泻、呕吐、手外伤、发热、手部皮肤湿疹、长疖子、咽喉疼痛、眼耳鼻分泌液体等有碍食品安全的症状时，为预防起见，应立即暂停接触直接入口食品的加工作业，立即向酒店食品安全部门报告，由酒店医务部门确认是否患有以上疾病。这些人员有可能携带病原微生物，应及时检查和进行治疗，痊愈后方可恢复工作。

🧁学生活动　带领学生参观本校食堂，了解厨师个人卫生要求

在烹饪专业老师的带领下，学生参观本校食堂。详细了解、观察厨房厨师个人卫生习惯、手部卫生、工作服穿戴、是否在厨房烹饪加工场所进食、喝水、抽烟等。

[参考答案]

食堂厨房厨师手部受到污染后要洗手消毒，正确穿戴工作服、工作帽，工作服要清洁卫生，不混用。在厨房加工场所不进食，不饮水，不吸烟，不吐痰，不吐口水，不咳嗽，不打喷嚏。

任务2　餐饮厨房从业人员健康和食品安全卫生技术

🧁任务要求

1. 掌握厨师个人手部卫生要求。
2. 熟悉厨师工作服穿戴的食品安全卫生规定。
3. 了解厨房厨师进食、喝水、抽烟等食品安全卫生规范。
4. 了解厨师个人其他卫生要求。
5. 熟悉厨师手部清洗和消毒的重要性。
6. 掌握厨师手部清洗、消毒六大步骤。
7. 了解厨房专间操作人员特殊食品安全卫生要求的重要性。
8. 熟悉厨房专间操作人员特殊食品安全卫生规范。
9. 掌握厨房厨师手部清洗、消毒食品安全要求。

🧁情境导入

2005 年 7 月，在江苏某酒店参加婚宴的宾客中有 50 余人在就餐后陆续出现腹痛、腹泻等胃肠道食物中毒症状。所辖地区疾控中心医务人员在留样的冷菜及病人的肛拭中检出副溶血弧菌，确认这是一起细菌性食物中毒。FDA 调查发现：该酒店由于当天宴席较多，冷菜间厨师王某、丁某在本岗位切配时被厨师长临时叫去参加海鲜等水产品食品原料的粗加工，二人在离开冷菜间时未更换工作服，完成粗加工后回到冷菜间前，双手没有经过严格消毒就继续开始冷菜切配，从而导致这起食物中毒的发生。

7.2.1　厨房从业人员个人卫生要求

厨房从业人员的清洁与否直接关系到食品可能受到污染的机会和程度，保持厨房从业人员良好的个人清洁卫生，尽量减少食品受到致病细菌和病毒等病原微生物的污染风险，是有效预防餐饮食物中毒的重要措施。

1）厨师个人手部卫生

餐饮厨房厨师的手是接触食品机会最多的部位，而未经清洗的双手会携带大量的细菌和病毒，食品污染大多数是由不清洁卫生的手所传播。所以，手部的清洁卫生是厨房从业人员个人卫生中最为重要的部分。

（1）洗手

按照符合食品安全要求的标准的程序和方法洗手，可以去除手上的污物和大部分致病性细菌和病毒等病原性微生物（如图 7.3 正确洗手操作）。

图 7.3　正确洗手操作

（2）不佩戴外露饰物

餐饮厨房从业人员在食品加工场所及接触食品原料、半成品、成品时不能佩戴外露饰物，包括手表。这是因为：

①饰物表面的凹陷处容易藏纳污垢和细菌，可能导致食品受到污染。

②戒指等小饰物可能会在食品加工操作中混入餐饮食品中。

（3）指甲卫生

餐饮厨房从业人员指甲的食品安全卫生要求是：

①剪短指甲，因为长的指甲会藏有难以去除的污垢。

②不佩戴假指甲，不涂指甲油。因为这些都有可能对食品造成污染。

（4）正确使用手套

餐饮厨房从业人员双手和食品原料中会经常携带病原菌，尤其是在食品初加工、冷加工及码盘过程中会导致交叉污染，因此，正确使用手套，对于减少餐饮食品交叉污染的风险具有一定的积极作用。手套使用的食品安全要求是：

①使用一次性塑料或橡胶手套，不得重复使用。

②手套的尺寸应适合厨房从业人员的双手，太大的手套容易滑落，太小的手套则容易破损。

③手套永远不能代替洗手，戴手套前和更换手套前都应洗手。

④在手套破损或变脏时、在开始进行不同的烹饪加工操作前、连续操作每隔 4 小时时均应更换手套。

2）厨师工作服穿戴卫生

餐饮厨房厨师工作服穿戴的食品安全卫生要求是：

①应穿戴清洁卫生的工作服、工作帽，头发应完全被覆盖在帽内，女性厨师的长发应戴发网，专间工作人员还需戴口罩。

②工作服最好选用白色或浅色布料做成，以便于辨别干净程度，及时进行清洗。

③不同区域如专间、热灶、原料初加工、食品仓库、清洁等岗位员工的工作服可按其工作场所不同，在样式上加以区分，这样既便于定人定岗的管理，又便于工作服的分类清洗、消毒。

④工作服应做到定期更换，保持清洁，接触直接入口食品的从业人员工作服应每天清洗、消毒和更换。

⑤准备清洗的工作服应放置在远离食品加工处理的区域，以免污染食品。

⑥每名厨房从业人员应至少有两套工作服，以备更换。

⑦不能穿戴工作服走出食品加工场所。如要外出，必须更换工作服（如图7.4厨师工作服穿戴1和图7.5厨师工作服穿戴2）。

图7.4　厨师工作服穿戴1

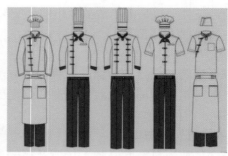
图7.5　厨师工作服穿戴2

3）厨师进食、喝水、抽烟的食品安全卫生规范

人的口中含有数以亿计的细菌，在餐饮食品加工场所，厨师进食、喝水和抽烟时，口水就可以传播到厨房操作人员的手中或直接污染食品。厨师进食、喝水、抽烟的食品安全卫生要求规范有：

①不在加工食品和存放餐饮具的专用场所进食、喝水、抽烟，如需从事这些活动应到员工休息区域。

②在完成进食、喝水、抽烟后，必须重新洗手消毒。

4）厨师个人其他卫生要求

餐饮厨房厨师个人其他卫生要求有：

①厨师个人衣物及私人物品不得带入厨房食品加工区域，应存放在更衣室；

②厨师的健康状况直接影响着食品安全，厨师必须在日常生活中就应自觉不食用那些不卫生的或者可能使人致病的食物。

③不直接从事食品加工操作的人员，如酒店负责人、食品安全管理人员进入餐饮厨房也应符合上述的个人卫生要求。

7.2.2　厨师手部清洗、消毒的要求

1）厨师手部清洗、消毒的重要性

洗手消毒是餐饮厨房厨师个人卫生中最为重要的保证食品安全的环节，洗手消毒看起来非常简单，但许多厨师未必能做到正确洗手消毒，从而增加了食品安全风险。餐饮厨房厨师在下述情况下必须洗手消毒：

①开始食品加工工作前。

②处理食物前及接触食品原料后。

③上厕所后。

④触摸头发、耳朵、鼻子、脸部等部位后。

⑤对着手咳嗽或打喷嚏后。

⑥处理垃圾后。

⑦在非食品加工区域进食、饮水或吸烟后。

⑧从事任何可能会污染双手的作业或举动后。

2）厨师手部清洗、消毒六大步骤

（1）洗手的正确程序，如图7.6所示

| ①弄湿双手 | → | ②涂上洗涤剂 | → | ③上手互搓20秒 | → | ④用指甲刷清洗指甲 |

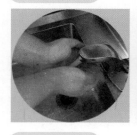   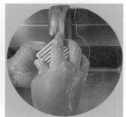

| ⑤彻底冲洗双手 | → | ⑥用清洁纸巾擦干双手，以纸巾包裹关闭水龙头 | → | ⑦吹干双手 |

图7.6 洗手的正确程序

（2）搓洗双手的方法，如图7.7所示

| 掌心对掌心搓擦 | → | 手指交错掌心对手背搓擦 | → | 手指交错掌心对手心搓擦 |

两手互握互搓指背		拇指在掌中转动搓擦		指尖在掌心中搓擦

 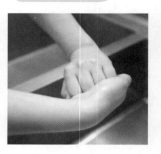 

图 7.7　搓洗双手的方法

（3）手部消毒方法

餐饮厨房从业人员手部消毒的食品安全卫生方法是：清洗后的双手在消毒液的水溶液中浸泡 20 ~ 30 秒，或涂擦消毒剂后充分揉搓 20 ~ 30 秒。

7.2.3　餐饮厨房专间操作人员特殊卫生要求

1）厨房专间操作人员特殊卫生要求重要性

餐饮厨房专间包括冷菜间、裱花间、备餐间、盒饭分装车间等，是食品安全清洁要求最高的场所，食品加工操作人员卫生方面的要求也最为严格，稍有不慎，就会交叉污染食品成品，导致餐饮食物中毒的形成。

2）厨房专间操作人员特殊卫生要求

餐饮厨房专间操作人员的特殊食品安全卫生要求有：

①进入专间前更换专用、清洁卫生的工作衣帽，工作衣帽必须每天进行更换、清洗和消毒。

②在食品烹饪加工操作中不应频繁进出厨房加工场所，出去时应脱去专用工作衣帽，严禁穿专用工作衣帽上厕所或进入厨房原料初加工区域。

③专间从业厨师应特别强调对双手的清洗消毒，特别是在进出厨房专间、触摸专间以外的任何物品后及操作期间每隔 4 小时左右都要清洗、消毒双手。

④跑菜等非专间从业人员不得进入专间。

⑤专间操作人员不得直接用手拿任何未经消毒的物品，如菜单、托盘等。

🧁学生活动　餐饮酒店厨师工作服饰穿戴要求

[参考答案]

①工作衣帽、围裙清洁卫生，男性短发头，女性厨师的长发应佩戴发网。

②工作衣帽、围裙应为白色或浅色。

③工作衣帽、围裙应定期更换，保持清洁，接触直接入口食品的工作人员工作服应每天清洗、消毒和更换。

④工作服上衣领口要扣紧，并在腰部佩上擦手毛巾。

🧁 学生活动　模拟酒店厨房厨师手部清洗六大步骤

[参考答案]

①弄手双手　→　②涂上洗涤剂　→　③双手互搓20秒　→　④用指甲刷清洁指甲

⑦吹干双手　←　⑥用清洁纸巾弄干双手，以纸巾包裹关闭水龙头　←　⑤彻底冲洗双手

[思考与练习]

一、选择题

1. 按照《饮食服务食品安全操作规范》规定，专间操作人员的工作服应（　　　）更换。
   A. 每天　　　　　　　　B. 每两天　　　　　　　　C. 每三天

2. 厨房冷菜间操作人员在哪些情况下，应将手洗净、消毒（　　　）。
   A. 开始食品加工工作前
   B. 出厨房冷菜间后重新进入冷菜间
   C. 以上都是

3. 食品从业人员有下列哪些情况时须及时调离岗位（　　　）。
   A. 手指割伤　　　　　　B. 咽痛、发热　　　　　　C. 以上都是

4. 关于食品从业人员手部卫生，以下哪项说法不正确？（　　　）
   A. 按照要求洗手可以去除手上的污物和大部分微生物
   B.《饮食服务食品安全操作规范》规定，接触直接入口食品必须戴手套
   C. 手部不要触碰与操作台接触的工作服，避免工作服上的污垢污染手部

5. 我国《饮食服务食品安全操作规范》规定，待清洗的工作服应放在（　　　）。
   A. 远离食品处理区　　　B. 食品处理区内　　　　　C. 以上都不是

6. 食品生产经营人员至少（　　　）应进行一次健康检查。
   A. 每半年　　　　　　　B. 每年　　　　　　　　　C. 每两年

7. （　　　）的卫生是食品从业人员个人卫生中最为重要的部分。
   A. 手部　　　　　　　　B. 头部　　　　　　　　　C. 工作服

8. 食品加工操作人员操作时不得佩戴（　　　）。
   A. 戒指　　　　　　　　B. 手表　　　　　　　　　C. 以上都是

9. 根据《饮食服务食品安全操作规范》规定，食品从业人员不得在食品加工场所内从事下列活动（　　　）。
   A. 吃饭　　　　　　　　B. 抽烟　　　　　　　　　C. 以上都是

10. 我国《饮食服务食品安全操作规范》推荐的洗手程序中，食品从业人员洗手时双手互相搓擦至少应达到（　　　）秒。
   A.10　　　　　　　　　B.20　　　　　　　　　　C.30

11. 按照《饮食服务食品安全操作规范》规定，每名从业人员至少应有（　　　）套工作服。

    A.1   B.2   C.3

12. 我国《饮食服务食品安全操作规范》规定，食品加工从业人员上厕所前应在（　　　）脱去工作服。

    A. 食品处理区内   B. 食品处理区外   C. 以上都不是

二、是非题

1. 根据《饮食服务食品安全操作规范》规定，接触直接入口食品人员的工作服至少每两天更换一次。（　　　）

2. 我国《饮食服务食品安全操作规范》规定，食品从业人员不得留长指甲，不得涂指甲油，不得佩戴饰物。（　　　）

3. 在餐饮食品专间内操作的从业人员如使用一次性手套，可以替代洗手消毒。（　　　）

4. 餐饮食品从业人员在触摸耳朵、鼻子、头发、口腔或身体其他部位后应洗手。（　　　）

5. 佩戴一次性手套不能代替洗手消毒，戴手套前和更换新的手套前都应该洗手消毒。（　　　）

6. 出现腹泻等症状的食品从业人员一旦确认是痢疾，就必须立即调离食品加工岗位。（　　　）

7. 一次性塑料或橡胶手套，经消毒后可以重复使用。（　　　）

8. 个人物品及私人物品不得带入食品加工区域，应存放在更衣室。（　　　）

9. 餐饮酒店食品安全管理人员进入食品加工区域，应按操作人员要求穿戴工作衣帽。（　　　）

10. 洗手时，工作服为短袖的应洗到肘部。（　　　）

11. 餐饮酒店厨房食品专间操作人员短时间出专间，可以不脱去专间工作服。（　　　）

12. 我国《饮食服务食品安全操作规范》规定，食品从业人员工作服应每天更换。（　　　）

13. 按照《饮食服务食品安全操作规范》规定，除饮水杯外，食品从业人员的其他个人物品均不得带入厨房食品加工操作区域。（　　　）

14. 餐饮食品从业人员工服必须用白色布料制作。（　　　）

15. 餐饮厨房食品从业人员洗手消毒过程中，手部的消毒较清洗更重要。（　　　）

16. 餐饮食品加工不同区域员工的工作服可按其工作的场所，从颜色或式样上进行区分。（　　　）

17. 《饮食服务食品安全操作规范》推荐的手部消毒方法是：清洗后的双手在消毒剂水溶液中浸泡 20～30 秒，或涂擦消毒剂后充分揉搓 20～30 秒。（　　　）

18. 餐饮厨房冷菜间、裱花间、备餐间、盒饭分餐专间等，是餐饮业中清洁程度要求最高的场所。因此，从业人员在个人卫生方面也应做到最严。（　　　）

19. 餐饮食品加工从业人员经健康检查并持有健康证就能保证身体健康。（　　　）

20. 厨房从业人员发现有手外伤、皮肤湿疹、疖子、咽喉疼痛等症状时，应立即暂停接触直接入口食品加工作业，并立即向食品安全管理人员报告。（　　　）

21. 洗手的主要作用是去除污垢，消毒的主要作用是去除细菌。（　　　）

22. 餐饮食品加工连续操作时，每 4 小时要洗手消毒 1 次，更换 1 次手套。（　　　）

23. 洗手时，必须双手互相搓擦至少 10 秒。（　　　）

项目8
厨房烹饪原料采购和贮存

要保证餐饮酒店菜点成品的食品安全，重要前提是要保证采购的烹饪加工原材料的卫生质量与安全。采购符合食品安全要求的烹饪食品原材料，按食品安全的要求贮存烹饪原料、辅料、调料、半成品，可以避免很多餐饮食品安全的潜在风险。

学习目标

一、知识目标

◇ 了解餐饮厨房良好供应商选择的重要性及选择方法。

◇ 掌握餐饮厨房禁止经营的烹饪原料与食品。

◇ 熟悉厨房食品添加剂的采购和贮存要求。

二、技能目标

◇ 会查验、索取厨房烹饪原料采购有关凭证。

◇ 能进行厨房烹饪原料质量验收，并建立进货台账。

◇ 掌握保证厨房烹饪原料安全的贮存措施。

三、情感目标

◇ 通过厨房烹饪原料采购和贮存的学习，进一步培养食品安全的风险与责任意识，提高食品安全的法律责任意识。

任务 1　餐饮厨房烹饪原料采购

任务要求

1. 了解餐饮厨房良好供应商选择的重要性。
2. 熟悉餐饮厨房良好供应商选择的方法。
3. 了解餐饮厨房烹饪原料采购有关证明的查验方法。
4. 会餐饮厨房烹饪原料购物凭证的索取。
5. 了解餐饮厨房烹饪原料验收的概念及其重要性。
6. 熟悉餐饮厨房烹饪原料质量验收具体的食品安全要求。
7. 掌握餐饮厨房烹饪原料进货台账的食品安全保存要求。
8. 掌握餐饮厨房水产类禁止经营的烹饪原料与食品。
9. 熟悉餐饮厨房果蔬类禁止经营的烹饪原料与食品。
10. 熟悉学生餐禁止经营的烹饪原料与食品。
11. 掌握餐饮厨房按需采购烹饪原材料的原则。

情境导入

　　2002 年 5 月，河南承包某中学食堂的王某在集市摊贩处采购了一桶食用油，次日即用此油炸麻花供应给该校师生。师生食用麻花半小时后，陆续出现呕吐、腹痛、腹泻等食物中毒症状。疾控中心医务人员经过对油桶上的油垢和桶内食用油的化验，发现油桶曾装过桐油，残留的少量桐油混杂在食用油中导致了这起麻花食物中毒的发生。学校因王某造成了食物中毒，与王某中止了承包合同，同时要求其承担师生的医疗费用。事发后，集市摊贩逃匿，而王某在采购时未索证和留下联系方式，无从追查源头和追溯责任，所以事件损失一概由王某承担，王某前后共计损失近 7 万元。

知识准备

8.1.1　餐饮厨房良好供应商的选择

1）良好供应商选择的重要性

　　为确保餐饮酒店供应的食品安全，首先必须保证所采购的食品原材料的安全，不能认为食品在烹饪加工过程中可以完全消除存在于食品原料中的问题，如有些化学性有害物质、耐热的病原微生物毒素等。所以，采购符合食品安全要求的烹饪原材料可以避免很多食品安全的潜在风险。餐饮厨房原料采购中，选择良好的供应商是保证食品安全的第一步，因为只有符合食品安全要求的供应商才能提供安全和质量稳定的食品原材料（如图 8.1 选哪家供应商呢）。

图 8.1　选哪家供应商呢

2）厨房良好的供应商选择方法

餐饮厨房良好的供应商选择方法有：

①供应商首先必须具有生产或销售相应种类食品的许可证。

②通过同行询问证实供应商是否具有良好的食品安全信誉。

③供应商为食品销售的，要了解所采购食品的最初来源。食品加工产品应由供应商提供产品生产企业的食品生产许可证，食用农产品要提供具体的产地。

④不定期实地检查供应商库房、运输车辆、管理体系及生产现场，抽取准备采购的食品原材料进行微生物、理化检验。

⑤对于大量采购的食品原材料，应建立相对固定的供应商和供应基地，并且要有备选供应商，以免因各种原因停止供货时，能够及时采购到符合食品安全要求的食品原材料，不会发生原料断货或食品卫生质量失控。

⑥在市场上采购，应选择相对固定和信誉度较好的摊位。

8.1.2 厨房烹饪原料有关票证查验索取

1）厨房烹饪原料有关证明的查验方法

餐饮厨房烹饪原料有关证明的查验方法是：

①除农产品外，必须查验供应商的生产流通许可证和营业执照。

②进口食品原材料要查验、索取海关口岸食品监督检验机构出具的同批次产品食品检验合格证明。

③畜禽肉类（不包括加工后的制品）要查验动物卫生监督部门出具的同批次动物产品检疫合格证明。

④乳制品要查验索取并留存供货方盖章（或签字）的生产流通许可证、营业执照、产品合格证。

⑤豆制品和非定型包装熟食要查验、索取生产企业出具的该批次豆制品、熟食送货单。

⑥集中消毒餐饮具要查验消毒企业签章的该批次餐饮具出厂检验合格报告。

2）餐饮厨房烹饪原料购物凭证的索取

为做到对所采购食品来源的可追溯，餐饮厨房烹饪原料购物凭证的索取意义重大，采购时的食品安全管理要求是：

①索取并保留有供货方盖章或签名的每笔购物发票或凭证备查，凭证中应有供货方名称、产品名称、产品数量、购买日期等信息。

②送货上门的，必须确认供货方有许可证，并留存对方的联系方式，以便万一发生问题时可以追溯。

③切不可贪图价格便宜和省事，随意购进无证商贩送来的或来路不明的食品。

3）厨房烹饪原料采购其他注意事项

餐饮厨房烹饪原料采购其他注意事项有：

①生产流通许可证的经营范围应包含所采购的食品原料种类。

②查验的各类证明上的品种、生产厂家（或产地）、生产日期与所采购的食品应相符，

送货单，肉品检疫合格证还应包括数量。

③为便于查找，各类索证资料应按产品类别或供应商、进货时间次序进行整理，妥善保存各种证明至少 2 年。

④连锁企业统一采购配送的食品，可以由总部查验、索取相关证明，各门店留存进货记录。

8.1.3　厨房烹饪原料质量验收和进货台账

1）厨房烹饪原料验收的概念及其重要性

餐饮厨房烹饪原料验收是为了杜绝不符合食品安全质量要求的食品原材料进入，查验其质量、数量的过程。厨房烹饪原料验收是把握食品原材料食品安全质量的关键环节。验收一般由酒店厨师长负责，应核对食品采购计划申请单上的申请数量，对不符合食品安全质量要求的不予填写验收数量，一律要求供应商退货，以减少隐患。

2）厨房烹饪原料质量验收的食品安全具体要求

餐饮厨房烹饪原料质量验收的具体食品安全要求包括以下几方面：

（1）运输车辆

图 8.2　烹饪原料冷藏运输车辆

餐饮厨房烹饪原料运输车辆的食品安全要求有：

①车厢是否清洁。运输厨房烹饪原料车辆要定期消毒，运输车厢的内仓，包括地面、墙面和顶，应使用抗腐蚀、防潮，易清洁消毒的材料。车厢内无不良气味、异味（如图 8.2 烹饪原料冷藏运输车辆）。

②是否存在可能导致交叉污染的情形。运输厨房烹饪原料时，独立包装的杂货类食品应该具备符合食品安全卫生和运输要求的独立外包装，装车后应有严格全面的覆盖，避免风吹雨淋和阳光直晒。运输过程中不得和其他对食品安全和卫生有影响的货物混载。推荐使用箱式车辆运输。直接食用的熟食产品必须采用定型包装或符合食品安全卫生要求的专用密闭容器包装，并采用专用车辆运输，严格禁止和其他商品、人员混载。推荐使用专用冷藏车运输。

③应低温保存的食品，是否采用冷藏车或保温车运输。冷藏、冷冻食品必须用专用的冷藏、冷冻车辆运输，并有必要的保温设备，以保证在整个厨房烹饪原料运输过程中保持安全的冷藏、冷冻温度。冷藏车要全程开机制冷，冷藏温度应在 –2 ~ 5℃，冷冻温度应低于 –18℃，以防变质。不得将有冷藏、冷冻要求的食品在无冷藏、冷冻的条件下运输。

（2）相关证明

除生产许可证以外，每批索取的证明，都应在验收时要求供应商提供，并做到货证相符（如图 8.3 食品生产许可证、图 8.4 食品流通许可证、图 8.5 食品卫生许可证）。

（3）温度

餐饮厨房烹饪原料到货验收

图 8.3　食品生产许可证

图 8.4 食品流通许可证

图 8.5　食品卫生许可证

时的食品安全要求有：

①应检查食品温度，食品标注保存温度条件的，应与产品标签上的贮存条件一致。

②散装食品或没有标注保存温度条件的、具有潜在危害的食品应在冷冻或冷藏条件下保存，热的熟食品应保存在 60 ℃以上，以避开食品危险温度带。

（4）标签

不管是预包装还是简易包装食品标签的食品安全要求是都应包括以下基础内容：

①品名、厂名。

②生产日期。

③保质期限（或到期日期）。

④贮存条件。

预包装食品的标签还应符合《食品安全法》的有关规定。

（5）感官

餐饮食品、原料、半成品等食品安全卫生质量的感官鉴别可以通过看、闻、摸等方法来进行，其具体方法是：

①看。看包装是否完整，有无破损，食品的颜色、外观形态是否正常。

②闻。闻食品的气味是否正常，有无异味。

③摸。摸检餐饮食品、原料、半成品等硬度和弹性是否正常。

表 8.1 ～ 表 8.7 是餐饮业一些主要食品原料的鉴别方法。

表 8.1　大米感官鉴别方法

感官检查	良质大米	劣质大米
色泽	呈清白色或精白色，具有光泽，呈半透明状	霉变的米粒色泽差，表面呈绿色、黄色、灰褐色、黑色等
外观	大小均匀，坚实丰满，粒面光滑、完整，很少有碎米，无虫，不含杂质	有结块、发霉现象，表面可见霉菌丝，组织疏松
气味	具有稻谷的香气味，无其他异味	有霉变气味、酸臭味、腐败味及其他异味

表 8.2　肉类感官鉴别方法

感官检查	新鲜猪肉、牛肉、羊肉	变质猪肉、牛肉、羊肉
色泽	肌肉有光泽，红色均匀，脂肪洁白	肌肉无光泽，切面暗红色、绿色、灰色、脂肪灰白，带有污秽色泽，禽类的翅尖呈褐色或暗黑色
气味	具有猪、牛、羊肉的正常气味	有腐败臭味、肉氧化酸败味（哈喇味）
黏度	肌肉外表微干或微湿不黏手，新切面湿润	表面极度干燥，或者黏腻、湿润
组织状态	肌肉有弹性，用手指压后能立即恢复	肌肉软而无弹性，指压的凹陷不能复原
煮熟后肉汤	透明澄清，脂肪团聚在肉汤表面，汤有香味	浑浊，有黄色、灰白色的絮状物，脂肪很少浮于肉汤表面

表 8.3　鱼的感官鉴别方法

感官检查	鲜鱼	变质鱼
眼睛	饱满，透明清澈，眼睛黑白分明，无黏液分泌物	凹陷，透明度减少，发红，有黏液分泌物
鳃	鲜红色或樱红色，无臭味	褐色或绿褐色，有绿色黏液，有臭味
体表	有固有颜色，色泽鲜艳有光泽，鱼鳞完整，紧贴鱼体	鱼鳞不完整，易脱落
肌肉	弹性好，肌纤维清晰，无臭味	肌肉略有弹性或没有弹性，肌纤维不清晰，有臭味

表 8.4　蔬菜感官鉴别方法

蔬菜类别	新鲜蔬菜	劣质蔬菜
叶菜类	叶色鲜艳，无黄叶，无腐烂，无虫斑	色暗无光泽，色黄枯，有腐烂叶，有虫斑
瓜茄类	色泽光亮，外形完整无破裂；无发酸、发馊	颜色暗紫或黑褐，外形破裂，发酸，发馊
根茎类	新嫩，外形完整不发芽，无霉斑变质	干枯，发芽，霉烂变质

表 8.5　豆腐感官鉴别方法

感官检查	优质豆腐	劣质豆腐
色泽	呈均匀的乳白色或淡黄色，稍有光泽	呈深灰色、深黄色或者红褐色
组织状态	块形完整，软硬适度，富有一定弹性，质地细嫩，结构均匀，无杂质	块形不完整，组织结构粗糙而松散，散之易碎，弹性，有杂质，表面发黏，用水冲洗后仍黏手
气味	具有豆腐特有的香味	有豆腥味、馊味等不良气味或者其他外来气味

表 8.6　鲜蛋感官鉴别方法

感官检查	新鲜蛋	劣质蛋
色泽	蛋壳上有一层白霜，色泽鲜艳，但不光亮	蛋壳白霜样壳外膜不明显或消失，蛋壳色泽较暗或异常光亮
光照	灯光透视时，可见气室亮度在 10 毫米以内略见蛋黄阴影或完全不见	气室高于 10 毫米，蛋黄阴影清楚
气味	鼻嗅时无异臭味	鼻嗅时有轻度霉味或腐败味、臭味等不良气味
震摇	蛋与蛋相互碰击时声音清脆，手握摇动时无流动感和响水声	手摇动时内容物有流动感，还能听到轻微的响水声

表 8.7　罐头感官鉴别方法

感官检查	新鲜罐头	劣质罐头
外观	罐体整洁、无损，罐盖向内凹进	罐体可见胖听、凸角、凹瘪或锈蚀等，罐盖略向外凸出
敲击	敲击时听到的声音清脆	敲击时发出空、闷声响、破锣声
指按	手指按压罐盖，无胖听现象	手指按压罐盖，感觉有胖听

（6）厨房烹饪原料质量验收其他食品安全要求

餐饮厨房烹饪原料质量验收其他食品安全要求有：

①冷冻、冷藏食品应尽量减少在常温下存放的时间，已验收原料应及时冷冻、冷藏。

②验收不符合要求的食品，应当场拒收。

③作好验收的记录。

3）厨房烹饪原料进货台账的食品安全保存要求

餐饮厨房烹饪原料进货台账的食品安全保存要求是：

①应建立所采购食品、原料、半成品的进货查验台账，台账应记录进货时间、食品名称、规格、数量、生产批号、保质期、供货商及其联系方式，或者保留载有上述信息的进货票据。

②进货台账的保存期限不得少于食品进货后两年。

③连锁企业统一采购的食品，可以在总部建立进货查验台账。

④鼓励餐饮企业建立电子台账。

8.1.4　餐饮厨房禁止经营的烹饪原料与食品

根据《食品安全法》的相关规定，在我国境内，禁止生产经营的食品有以下 5 类。

1）水产类禁止经营的烹饪原料与食品

水产类禁止经营的烹饪原料与食品有：

①河豚鱼及其制品。

②毛蚶、泥蚶、魁蚶（又称赤贝）、仓虾、织纹螺。

③死河蟹、死鳌虾、死黄鳝、死甲鱼、死乌龟、死的贝壳类、一矾海蜇或二矾海蜇等。

④每年5—10月禁止采购经营醉虾、醉蟹、咸蟹、醉泥螺（取得特殊许可的醉泥螺除外）。

2）畜禽类禁止经营的烹饪原料与食品

畜禽类禁止经营的烹饪原料与食品有：

①不能提供动物产品检疫合格证明的畜禽肉类。

②不能提供检验合格证的肉类制品。

③感官不符要求的畜禽肉类。

3）粮油类禁止经营的烹饪原料与食品

粮油类禁止经营的烹饪原料与食品有：

①氧化酸败的食用油。

②废弃食用油脂（包括地沟油、潲水油、煎炸老油），倡导不采购散装油。

③霉变的粮食。

④生虫的南北货等。

4）果蔬类禁止经营的烹饪原料与食品

果蔬类禁止经营的烹饪原料与食品有：

①发芽的土豆。

②发苦的夜开花。

③腐烂的蔬菜和水果。

④野蘑菇。

⑤鲜黄花菜等。

5）学生餐禁止经营的烹饪原料与食品

学生餐禁止经营的烹饪原料与食品有：

① 隔餐的剩余食品。

②冷荤凉菜食品等。

🧁 学生活动　带领学生参观本校食堂，了解厨房烹饪原料采购、质量验收和进货台账情况。

[参考答案]

餐饮厨房烹饪原料食品安全质量验收具体包括以下几个方面：运输车辆、相关证明、温度、标签及感官检查（一看二闻三摸）。

餐饮厨房烹饪原料进货台账：

①食品、原料、半成品的进货台账应记录进货时间、食品名称、规格、数量、生产批号、保质期、供货商及其联系方式等内容。

②进货台账的保存期限为两年。

学生活动　带领学生参观本校食堂，了解厨房烹饪原料安全的其他保证措施

[参考答案]

餐饮厨房烹饪原料安全的其他保证措施：

①冷冻、冷藏食品是否尽量减少在常温下存放的时间。

②已验收的原料是否已及时冷冻、冷藏。

③验收不符合要求的食品是否当场拒收。

④是否作好烹饪原料验收的记录。

任务 2　餐饮厨房烹饪原料贮存

任务要求

1. 熟悉餐饮厨房烹饪原料分类贮存的原则。
2. 熟悉餐饮厨房烹饪原材料先进先出的使用方法。
3. 熟悉餐饮厨房冷藏或冷冻保存具有潜在危害食品的技术。
4. 熟悉餐饮厨房贮存时避免交叉污染的方法。
5. 会餐饮厨房原料和半成品的使用期限标识。
6. 掌握食品添加剂的概念及其分类。
7. 了解餐饮厨房食品添加剂采购的注意事项。
8. 了解餐饮厨房法定食品添加剂贮存的注意事项。

情境导入

2009 年 5 月，多名顾客在上海市某区一餐饮酒店就餐后出现头晕、呕吐、嘴唇发紫等食物中毒症状，其中一人出现昏迷，医院诊断为亚硝酸盐（食品添加剂）食物中毒。事发前一天由于该酒店厨房亚硝酸盐包装袋破损，一名厨师便将其倒入无任何标记的食品保鲜袋中放置于厨房操作台上，次日另一名厨师误将其当作味精加入菜肴中，从而造成多名顾客发生食物中毒。

知识准备

8.2.1　餐饮厨房烹饪原料安全贮存的原则

1）餐饮厨房烹饪原料分类贮存

（1）餐饮厨房烹饪原料贮存的概念

餐饮厨房烹饪原料贮存是指厨房烹饪原料和半成品的贮存过程。餐饮厨房烹饪原料贮存因不会直接产生经济效益，经常会被忽视，但如果贮存不当，也会影响食品安全。

（2）餐饮厨房烹饪原料分类贮存的原则

图8.6　餐饮厨房烹饪原料分类贮存

餐饮厨房烹饪原料分类贮存可以使烹饪原材料的贮存场所保持清洁、整洁，也方便烹饪原材料、半成品的先进先出，避免贮存中的交叉污染。符合食品安全要求的厨房烹饪原料分类贮存方法有：

①为各类烹饪原材料、半成品分配一个固定的贮存区域，各区域再划分每个品种的存放位置。

②散装的烹饪原料应按品种存放于容器中，再放于货架相应的位置。

③每种烹饪原材料和半成品的存放处均应有品名、批号、数量等内容的标签（如图8.6餐饮厨房烹饪原料分类贮存）。

2）按需采购烹饪原材料的原则

餐饮厨房采购烹饪原材料应遵循需要使用多少、采购多少的原则。这样一方面能保证烹饪原材料新鲜和卫生质量；另一方面能避免厨房销毁积压过期的烹饪原材料带来不必要的损失。

3）烹饪原材料先进先出的使用方法

餐饮厨房烹饪原料先进先出是保证贮存的烹饪原材料或半成品新鲜程度的有效方法，让最早加工的最先得到使用，以保证餐饮食品安全。餐饮厨房烹饪原材料先进先出的使用方法有：

图8.7　食品保质期

①每种食品按加工的时间顺序排列，早加工在前，晚加工的在后，或者早加工在左，晚加工的在右，使厨房作业人员在固定位置上取用烹饪原材料。

②登记厨房每种食品各批次的库存数量，规定厨房作业人员取用时必须核对取用信息。

③经常对贮存的食品原料进行盘点检查，接近保质期的食品应贴上明显的标识，以保证优先使用（如图8.7食品保质期）。

8.2.2　餐饮厨房烹饪原料安全贮存的保证措施

1）防止贮存交叉污染的措施

餐饮厨房烹饪原料防止贮存交叉污染的措施有：

①烹饪原材料和半成品应在专用场所贮存，除不会导致食品污染的食品容器、包装材料、食品工用具外，其他物品都不能和烹饪原材料和半成品同处存放。

②冷库和冰箱内贮存应做到烹饪原料、半成品和成品分开放置，冰箱外部应标明存放原料、半成品和成品的种类。

③蔬菜、畜禽和水产品应分类摆放。

2）避免贮存不当引起变质的措施

餐饮厨房为避免食品变质，应尽可能缩短具有潜在危害的食品在危险温度带的滞留时间，避免厨房贮存不当引起变质的措施有：

①烹饪原材料在常温下进行采购验收、初步加工后，应尽快冷藏或冷冻。

②从冷库或冰箱中取出的烹饪原材料进行加工时，应少量多次，取出一批，加工一批。

③经常检查冷库和冰箱的压缩机工作状况是否良好，是否存在较厚的积霜，冷库和冰箱内是否留有空气流通的空隙，温度是否符合要求，以免影响制冷效果和由于烹饪原材料堆积、挤压、存放等因素妨碍空气传导，无法确保烹饪原材料的中心温度达到食品安全的要求。

④冷库和冰箱内温度是否符合要求。

3）烹饪原料和半成品使用期限的措施

餐饮厨房烹饪原料和半成品都应有使用期限，厨房烹饪原料和半成品大多数贮存时间较短。为保证食品安全，厨房烹饪原料和半成品使用期限的控制措施是：

①预包装烹饪原材料或半成品在标签上有使用期限，未拆封前可按此期限保存。

②散装的烹饪原材料、已拆封的预包装烹饪原材料和经初步加工的食品半成品应按餐饮酒店自身情况自行规定使用期限，并在盛装容器上进行标识。

③在标识使用期限时，可直接标识使用日期，也可以采用1周7天不同颜色标识的方法。常见烹饪原材料在5℃冷藏条件下的使用期限详见表8.8。

表8.8　部分烹饪原材料在5℃冷藏条件下的使用期限

类　别	品　种	使用期限，小时
水产类	腌制鱼类（薄片）	12
	腌制鱼类（整条）	72
	生的鱼类（切开）	48
	生的鱼类（整条）	72
	生的甲壳类（虾、蟹等）	48
	熟制甲壳类（虾、蟹等）	48
畜禽类	生畜肉（碎肉）	48
	生畜肉（整块肉）	72
	生的家禽（切开）	48
	生的家禽（整只）	72
蔬果类	熟制蔬菜	48
	水果和蔬菜（切开）	24
	水果和蔬菜沙拉	24
酱汤类	汤底（鱼类）	72
	汤底（肉类）	96
	汤底（蔬菜类）	48
	酱汁（鱼类汤底）	72
	酱汁（肉类汤底）	96
其他类	做熟的米饭、面条	48
	打开包装后的奶类	48

4）妥善处理不符合食品安全要求食品的措施

图8.8　过期食品销毁处理

餐饮厨房妥善处理不符合食品安全要求食品的措施有：

①设置有醒目标志的专门场所存放超过保质期、变质等不符合食品安全要求的食品。

②定期检查库存烹饪原材料和半成品，挑出不符合食品安全要求的烹饪原材料和半成品存放于专门场所，及时进行销毁处理。

③销毁时应破坏包装、捣碎或染色，以破坏烹饪原材料和半成品原有的形态，以免造成误食。

④销毁处理情况应作记录，记录保存期限不少于两年（如图8.8过期食品销毁处理）。

5）餐饮厨房各类贮存方法的食品安全要求

餐饮厨房烹饪原材料、半成品和成品的食品安全贮存方法有冷冻、冷藏和常温保存等多种。

冷藏贮存是指将食品或烹饪原材料置于冰点以上较低温度条件下贮存的过程，冷藏温度的范围应在0～10℃。低温冷藏可降低或停止烹饪原材料、半成品和成品中细菌的代谢速度，但绝大多数致病菌和腐败菌的生长繁殖能力只是在低温条件下大为减弱，酶的活力和化学反应速度也同步下降。所以，冷藏只能在有限的期限内保持其质量。一般而言，应尽可能降低温度，冷藏的温度越低，烹饪原材料、半成品和成品就越安全。

冷冻贮存是指将食品或原料置于冰点温度以下，以保持冰冻状态贮存的过程，冷冻温度的范围应在−20℃～−1℃。冷冻可以较长时间的贮存具有潜在危险的烹饪原材料、半成品和成品。因为大部分细菌在0℃以下的温度条件已不能生长，有些虽然能生长但已不能分解蛋白质和脂肪，对碳水化合物的发酵能力也明显减弱。

常温贮存适用于各类调料、饮料、南北货、罐头和粮食等，为保证其品质，需要在适宜的温度和湿度下贮存。

（1）冷藏贮存具有潜在危害食品的方法

餐饮厨房冷藏贮存具有潜在危害食品的主要方法有：

①不同烹饪原材料、半成品、成品的适宜贮存温度条件是不同的，肉类、水产品和禽类所需要的保存温度较蔬菜、水果低。因此，如果条件允许，贮存这两类食品的冰箱应分开；如不能分开，则应将肉类、水产品和禽类放置在冰箱内温度较低的区域，并应尽可能远离冰箱门。

②为保证食品中温度低于其中心温度1℃，要求食品中心温度在5℃以下，则环境温度必须应在4℃以下。

③千万不要把热的食品放在冰箱里。因为这将会使冰箱内部的温度升高，使其他食品处于危险温度条件下。

④不要使冰箱超负荷的存放食品。贮存太多的食品将会妨碍冰箱冷空气的流通，使冰箱的制冷负荷加大，无法确保食品中心温度达到要求。

⑤冰箱的门应经常保持关闭。

⑥为避免交叉污染，保持食品品质，贮存的食品应装入密封的容器中。常见各类烹饪原材料、半成品的冷藏温度如表8.9所示。

表8.9　各类烹饪原材料、半成品的冷藏温度

烹饪原材料、半成品的种类	适宜冷藏温度（℃）
鲜肉、禽类、鱼类和乳品	＜5
鲜蛋和活的贝类	＜7
新鲜蔬菜和水果	5～7
拆封的预包装食品	＜5

（2）冷冻保存具有潜在危害食品的方法

餐饮厨房冷冻保存具有潜在危害食品的主要方法有：

①冷冻保存食品的温度一般应在 –18 ℃以下。

②不应将冷冻食品长时间放置在室温环境下。

③食品冷冻应小批量进行，以使食品尽快冻结。

④定期对冷库（冰箱）除霜。

（3）常温贮存具有潜在危害食品的方法

餐饮厨房常温贮存具有潜在危害食品的主要方法有：

①一般应存放在货架上，距离地面在 10 厘米以上。避免食品直接接触墙或地面后，因受潮而变质。

②库房温度通常控制在 10～20 ℃，湿度控制在 50%～60%。

③库房应通风良好，避免空气不流通引起食品霉变。

④避免食品受到阳光的直射。

6）餐饮厨房几类食品贮存的注意事项

（1）蔬菜和水果

餐饮厨房蔬菜和水果贮存的注意事项有：

①蔬菜和水果在冷藏条件下容易脱水，贮存的相对湿度，蔬菜一般应在 85%～95%，水果应在 80% 左右。

②蔬菜和水果呼吸时会释放出水和二氧化碳，冷藏时应保持适当的空气流通。如为密封薄膜包装，应在包膜上扎些小孔以保持新鲜。

③贮存前不要进行清洗，清洗后容易霉变，应在加工前进行清洗。

（2）蛋类

餐饮厨房蛋类贮存的注意事项有：

①蛋类贮存前不需要进行清洗，因为蛋类清洗后会破坏蛋壳表面的一层保护膜，使微生物易于侵入蛋内。

②从冰箱内取出的鲜蛋要尽快使用，不可久置或再次冷藏。因为鸡蛋取出后在室温下会"发汗"，小水滴中的微生物会透过蛋壳深入蛋的内部。

（3）酒类和食用油

餐饮厨房酒类和食用油贮存的注意事项有：

①酒类在光线、高温的作用下，可产生一种叫氨基甲酸乙酯的致癌物。贮存在较暗和温度较低的条件下，如果在 20 ℃以下，切勿超过 38 ℃，可以大大减少氨基甲酸乙酯的产生。

图8.9 厨房酒类和食用油贮存

②食用油在光线、高温的情况下易氧化变质,贮存时应避光,避高温(如图8.9厨房酒类和食用油贮存)。

(4)易吸潮食品

餐饮厨房易吸潮食品贮存的注意事项是:大米、面粉、坚果等易于吸潮的食品应装于密封的容器(或包装袋)内,以防止受潮后引起变质。

(5)散装食品

餐饮厨房散装食品贮存的注意事项有:

①散装食品应当在贮存位置标明食品的名称、生产日期、保质期、生产者名称及联系方式等。

②易串味的散装食品(如香辛料)也应装于密封的容器(或包装袋)内。

8.2.3 餐饮厨房食品添加剂的采购和贮存要求

1)食品添加剂的概念及其分类

(1)食品添加剂的概念

《中华人民共和国食品安全法》中对食品添加剂的定义是:为改善食品品质和色、香、味,以及为防腐、保鲜和加工工艺的需要而加入食品中的化学合成物质或天然物质。

(2)餐饮厨房常用食品添加剂的情形

餐饮厨房常用食品添加剂的情形有:

①面食类食品制作中使用的膨松剂。

②西式糕点、面包制作中使用的泡打粉、乳化油。

③肉类食品加工中使用的嫩肉粉、小苏打。

④食品着色用的色素(如红曲)。

⑤腌腊肉、肴肉等肉制品制作中使用的亚硝酸盐等。

(3)餐饮厨房食品添加剂的分类

餐饮厨房食品添加剂的分类可按其来源、功能、生产和安全性来划分。

①按其来源分。餐饮厨房食品添加剂可分为天然食品添加剂(如动植物的提取物、微生物的代谢产物等)和人工化学合成品。人工化学合成品又可细分为一般化学合成品和人工合成天然同等物(如天然同等香料、色素等)。

②按其功能分。FAO/WHO将餐饮厨房食品添加剂按不同功能分为40类;欧洲联盟仅分为9类,日本也分为9类。中国2011年颁布的食品安全国家标准《食品添加剂使用标准》(GB 2760—2011)按其主要功能作用的不同分为23类,分别为:酸度调节剂、抗结剂、消泡剂、抗氧化剂、漂白剂、膨松剂、胶基糖果中基础剂物质、着色剂、护色剂、乳化剂、酶制剂、增味剂、面粉处理剂、被膜剂、水分保持剂、营养强化剂、防腐剂、稳定剂和凝固剂、甜味剂、增稠剂、食品用香料、食品工业用加工助剂和其他等。经粗略统计,我国餐饮厨房常用的食品添加剂在300种以下。

③按其生产方法分。餐饮厨房食品添加剂有化学合成、生物合成(酶法和发酵法)、天然提取物三大类。

④按安全性能分。CCFA(联合国食品添加剂法规委员会)曾在JECFA(FAO/WHO联合

食品添加剂专家委员会）讨论的基础上将食品添加剂分为 A，B，C 共 3 类，每类再细分为①，②共两类。

A 类：①已制定人体每日允许摄入量（ADI）；②暂定 ADI 者。

B 类：①曾进行过安全评价，但未建立 ADI 值；②未进行过安全评价者。

C 类：①认为在食品中使用不安全；②应该严格限制作为某些特殊用途者。

2）餐饮厨房食品添加剂采购的注意事项

并非所有物质都能作为食品添加剂加入餐饮厨房食品中。国家标准 GB2760《食品添加剂使用卫生标准》对于哪种物质可以作为食品添加剂使用？能用到哪些食品中？最大的用量是多少？都作了明确规定。采购食品添加剂必须严格符合该标准的规定（如图 8.10 非法添加塑化剂）。餐饮厨房食品添加剂采购除应当符合食品采购的各项要求外，食品添加剂应指派专人采购，采购时还应注意的事项有：

图 8.10 非法添加塑化剂

①食品添加剂有单一品种和复配品种之分。

A. 单一的食品添加剂是 GB 2760 中明确列出的品种，如上述小苏打、硝酸盐及胭脂红、柠檬黄等色素，这些品种在 GB 2760 中都能查到。

B. 复配食品添加剂是由两种或以上单一品种的食品添加剂经物理混匀而成的产品，上述膨松剂、泡打粉、乳化油、嫩肉粉、果绿等色素均属此类。这些产品在 GB 2760 标准中是没有的，但其组分中的食品添加剂都应在 GB 2760 的名单内，且具有共同的使用范围。

C. 果绿是由柠檬黄和亮蓝两种 GB 2760 中的食品添加剂复配而成，柠檬黄和亮蓝具有共同的使用范围，如用于焙烤食品馅料及表面用挂浆、芥末酱、青芥酱等香辛料酱。

② GB 2760《食品添加剂使用卫生标准》的内容较为复杂，餐饮厨房采购中可以从以下几个方面把握，确保是否符合 GB 2760 的规定。

A. 向供货商查验产品生产单位是否具有食品添加剂的生产许可证。

B. 采购的食品添加剂，标签上除与食品标签相同的标注内容外，应有标注"食品添加剂"字样，以及可以使用食品的范围和使用量，标注内容不全的不得采购。

C. 需加入食品添加剂的餐饮食品，在该产品标签标注的使用范围内应能找到。

D. 复配食品添加剂还应标明组成该产品的配方成分，其中，单一食品添加剂应标出 GB2760 规定的通用名称。

E. 自 2011 年 9 月 5 日起生产的复配食品添加剂，进入餐饮市场销售和环节使用的应标明"零售"字样，以及各单一食品添加剂含量。

③国家禁止餐饮酒店采购、贮存、使用食品添加剂亚硝酸盐，包括亚硝酸钠、亚硝酸钾。

④不得采购除法定食品添加剂以外的化学物品作为食品加工使用，违反该规定的将被追究刑事责任。

3）餐饮厨房法定食品添加剂贮存的注意事项

餐饮厨房法定食品添加剂贮存的注意事项有：

①指派专人保管食品添加剂。

②食品添加剂应放置在专用橱柜等设施中，存放橱柜应上锁，严禁与食品混放，以避免误用。

③食品添加剂贮存中注意需保留原有包装，包装破损后应废弃，并对从包装中漏出的食品添加剂进行清理。

④食品添加剂包装上应标示"食品添加剂"字样，盛装容器上应标明食品添加剂名称。

学生活动　网上查阅餐饮酒店禁止经营的烹饪原料与食品，并分类列表

[参考答案]

表8.10　餐饮酒店禁止经营的烹饪原料与食品分类表

烹饪原料与食品类别	禁止经营的烹饪原料与食品
水产类	①河豚鱼及其制品。 ②毛蚶、泥蚶、魁蚶（又称赤贝）、仓虾、织纹螺。 ③死河蟹、死鳌虾、死黄鳝、死甲鱼、死乌龟、死的贝壳类、一矾海蜇或二矾海蜇等。 ④每年5—10月禁止采购经营醉虾、醉蟹、咸蟹、醉泥螺（取得特殊许可的醉泥螺除外）。
畜禽类	①不能提供动物产品检疫合格证明的畜禽肉类及检验合格证的肉类制品。 ②不符合感官要求的畜禽肉类。
粮油类	①氧化酸败及水解酸败的食用油。 ②废弃食用油脂（包括地沟油、潲水油、煎炸老油），倡导不采购散装油。 ③霉变的粮食。 ④生虫的南北货等。
果蔬类	①发芽的马铃薯。 ②发苦的夜开花。 ③腐烂的蔬菜和水果。 ④野蘑菇。 ⑤鲜黄花菜等。
学生餐	①隔餐的剩余食品。 ②冷荤凉菜食品等。

[思考与练习]

一、单选题

1.以下哪项不是《中华人民共和国食品安全法》规定的禁止餐饮厨房采购的食品（　　　）。
　A.腐败变质、油脂酸败、霉变、生虫和污秽不洁的食物
　B.死的禽、畜、兽、水产品及其制品
　C.未经兽医卫生检验或检验不合格的肉类及其制品

　2.按照《学校食堂与学生集体用餐管理规定》，不得作为学生集体用餐订购的食品不包括（　　　）。

A. 隔餐的剩余食品　　　　　　　B. 冷荤凉菜食品　　　　　　C. 经过再加热的食品

3. 我国《餐饮服务食品采购索证索票管理规定》中，要求餐饮厨房在采购环节开展的活动不包括（　　　　）。

　　A. 索取相关许可证、营业执照和发票等购物凭证

　　B. 入库后进行验收

　　C. 作好采购记录

4. 以下哪种食品不是餐饮厨房禁止采购和经营的食品，但加工不当可能引起食物中毒？
（　　　　）

　　A. 四季豆　　　　　　　　　　B. 野蘑菇　　　　　　　　　C. 河豚鱼干

5. 下列对餐饮厨房烹饪原材料验收项目的阐述最完整的是（　　　　）。

　　A. 感官、温度、索证证明

　　B. 标签、索证证明、运输车辆

　　C. 感官、标签、温度、索证证明、运输车辆

6. 《中华人民共和国食品安全法》规定，餐饮厨房采购食品时应查验（　　　　）。

　　A. 供货者的许可证

　　B. 供货者的许可证、营业执照

　　C. 供货者的许可证、食品合格证明文件

7. 餐饮厨房采购食品时索证的作用是（　　　　）。

　　A. 证明所采购食品的质量　　　B. 证明所采购食品的来源　　C. 以上都是

8. 按照有关规定，餐饮厨房采购（　　　　）时要索取送货单。

　　A. 熟食卤味和豆制品　　　　　B. 畜禽类和豆制品　　　　　C. 活禽及熟食

9. 以下措施中，餐饮厨房对于选择符合要求的食品供应商作用不大的是（　　　　）。

　　A. 查看供应商是否具有生产或销售相应种类食品的许可证

　　B. 索取供应商提供的委托权威检验机构出具的检验报告

　　C. 到实地检查供应商，并抽取准备采购的烹饪原材料进行检验

10. 餐饮厨房豆制品采购单、熟食送货单应由（　　　　）出具。

　　A. 产品生产企业　　　　　　　B. 食品监管部门　　　　　　C. 两者均可

11. 餐饮厨房采购加工食品应查验（　　　　）出具的该批次产品的检验合格证。

　　A. 检验机构　　　　　　　　　B. 生产企业　　　　　　　　C. 两者均可

12. 动物产品检疫合格证应由（　　　　）出具。

　　A. 食物监管部门　　　　　　　B. 动物防疫监督机构　　　　C. 屠宰场

13. 我国《食品安全法》规定，预包装食品和食品添加剂在包装标识上应标示的内容包括（　　　　）。

　　A. 品名、产地、厂名、生产日期、批号或代号、规格、配方或者主要成分、保质期、
　　　食用或使用方法

　　B. 品名、商标、厂名、生产日期、批号或代号、规格、配方或主要成分、保质期、
　　　食用或使用方法、说明书

　　C. 品名、产地、厂名、生产日期、批号或代号、规格、配方或者主要成分、保质期、
　　　食用或使用方法、净含量

14. 以下哪些水产品属于餐饮厨房禁止采购和经营的品种？（　　）
　　A. 死鳝鱼、死甲鱼和死虾　　B. 死蟹、河豚和死乌龟　　　C. 以上都是

15. 下列哪项措施与餐饮厨房保证食品安全无关？（　　）
　　A. 食品库房内设专用场所存放职工饮水杯
　　B. 对进出库房的食品进行登记
　　C. 植物性食品、动物性食品和水产品分类贮存

16. 餐饮厨房保证所贮存食品新鲜程度的有效方法是（　　）。
　　A. 先进先出　　　　　　　　B. 先进后出　　　　　　　　　C. 后进先出

17. 下列处理不符合卫生要求食品的方法是（　　）。
　　A. 及时清除和销毁超过保质期的食品
　　B. 设置专门的存放场所放置不符合要求的食品
　　C. 销毁食品时为避免污染，应不拆封直接丢弃

18. 下面哪项不是低温保存食品的原理？（　　）
　　A. 降低微生物生长繁殖和代谢活动
　　B. 降低酶的活性和食物内化学反应的速度
　　C. 杀灭所有微生物

19. 以下哪种做法符合中华人民共和国《餐饮服务食品安全操作规范》规定？（　　）
　　A. 调味品（罐装）和一次性餐具在同一库房内存放
　　B. 冷库内同时存放水果、蔬菜和肉类
　　C. 库房物品存放架应靠墙放置，离地面10厘米以上

20. 以下关于食品冷藏、冷冻贮存的做法，不符合国家《餐饮服务食品安全操作规范》规定的是（　　）。
　　A. 原料与半成品可以在冰箱的同一冰室内存放，但不得与成品在同一冰室内存放
　　B. 食品在冷藏、冷冻柜（库）存放时，应做到动物性食品、植物性食品和水产品分类摆放
　　C. 冷藏、冷冻储藏时，为确保食品中心温度，不得将食品堆积、挤压存放

21. 以下有关餐饮厨房不同种类食品的理想保存温度条件，正确的是（　　）。
　　A. 禽肉类、水产品的保存温度与蔬菜、水果一样
　　B. 禽肉类、水产品的保存温度比蔬菜、水果要高
　　C. 禽肉类、水产品的保存温度比蔬菜、水果要低

22. 餐饮厨房为保证冷藏效果，冷库（冰箱）内的环境温度与食品中心温度相比应（　　）。
　　A. 至少低5 ℃　　　　　　B. 至少低1 ℃　　　　　　　C. 保持一致

23. 餐饮厨房最适宜的冷冻温度是（　　）。
　　A.0 ℃以下　　　　　　　B.-10 ℃以下　　　　　　C.-18 ℃以下

24. 餐饮厨房常温贮存不适用于下列哪类食品？（　　）
　　A. 调味品　　　　　　　　B. 蔬菜　　　　　　　　C. 切开的水果

25. 餐饮厨房常温贮存适宜的温度是（　　）。
　　A.0 ~20 ℃　　　　　　　B.10 ~20 ℃　　　　　　C.5 ~25 ℃

26. 餐饮厨房常温贮存适宜的湿度是（　　）。

A.20% ~80%   B.50% ~60%   C.30% ~70%

27. 根据《餐饮服务食品安全操作规范》规定，食品应与墙壁、地面保持的距离是（　　　）。

    A. 与墙壁保持 10 厘米以上，与地面保持 5 厘米以上

    B. 均保持 10 厘米以上

    C. 与墙壁保持 5 厘米以上，与地面保持 10 厘米以上

28. 餐饮厨房鲜肉、禽类、鱼类和乳制品的最佳冷藏温度是（　　　）。

    A.5 ℃以下   B.7 ℃以下   C.10 ℃以下

29. 下列哪项措施不能杀灭生食鱼类中的寄生虫？（　　　）

    A.–20 ℃冷冻 7 天   B.0 ℃冷藏 15 天   C.–35 ℃冷冻 15 小时

30. 关于餐饮厨房蛋类的贮存，下列措施最正确的是（　　　）。

    A. 验收合格后，于 7 ℃以下贮存，加工前进行清洗

    B. 验收合格后，立即清洗消毒，并于 7℃以下贮存

    C. 验收合格后立即清洗，也可加工前进行清洗

31. 餐饮厨房蔬菜贮存最适宜的相对湿度是（　　　）。

    A.45% ~65%   B.55% ~75%   C.85% ~95%

32. 预包装食品一旦拆封后，最佳贮存温度是（　　　）。

    A.5 ℃以下   B.7 ℃以下   C.10 ℃以下

33. 根据《餐饮服务食品安全操作规范》要求，可与食品同处存放的是（　　　）。

    A. 食品添加剂   B. 一次性塑料饭盒   C. 食品消毒剂

34. 以下哪项措施有助于使食品尽快冻结？（　　　）

    A. 食品分成小批量进行冷冻

    B. 食品加工后及时放入低温冷冻库

    C. 食品加工后及时放入冰箱冷冻室

35. 以下应由餐饮厨房标识使用期限的食品是（　　　）。

    A. 未拆封的牛奶   B. 上浆后的肉丝   C. 散装粉丝

36. 以下哪种是在冷藏条件下，使用期限时间通常最短的食品原料？（　　　）

    A. 整块生肉   B. 生肉糜   C. 生鸡蛋

二、是非题

1. 厨房烹饪加工过程可以完全解决存在于烹饪原料中的问题。　　　　　　　　　（　　　）

2. 餐饮厨房供应商选择的唯一条件是其有无食品生产或流通许可证。　　　　　（　　　）

3. 餐饮厨房采购鲜冻肉类应索取动物产品检疫合格证。　　　　　　　　　　　（　　　）

4. 进口烹饪原材料、半成品、成品应索取口岸食品监督检验机构出具的同批号产品的卫生证书。　　　　　　　　　　　　　　　　　　　　　　　　　　　　　　　　　　　（　　　）

5. 餐饮厨房原料验收的内容包括感官、标签和运输车辆 3 个方面。　　　　　　（　　　）

6. 索证是法律的要求，也是餐饮厨房采购食品时维护自身利益的手段。　　　　（　　　）

7. 餐饮厨房少量进货的烹饪原材料，可以不必索取购物发票，只需留存对方的联系方式即可。　　　　　　　　　　　　　　　　　　　　　　　　　　　　　　　　　　　　（　　　）

8. 验收散装食品的温度条件时，应将温度计放置在食品表层。　　　　　　　　（　　　）

9. 餐饮厨房采购食品应遵循按需采购的原则，保证食品的新鲜和质量。　　　（　　　）

10. 食品添加剂标签中除应标注与食品标签相同的内容外，还应标注"食品添加剂"字样及可以使用的食品及使用量。　　　（　　　）

11. 我国《食品添加剂使用卫生标准》中规定了某食品添加剂（消泡剂）可用于豆浆中，那么，这种食品添加剂就一定能用在性质相近的饮料和火锅汤底中。　　　（　　　）

12. 根据我国《食品安全法》规定，餐饮厨房食品进货查验记录应包括食品的名称、规格、数量、生产批号、保质期、供货商名称及联系方式、进货日期等内容，保质期限不少于两年。　　　（　　　）

13. 餐饮厨房烹饪原材料进货查验记录可采用台账形式登记，也可采用保留载有相关信息的进货或者销售票据的方式。　　　（　　　）

14. 餐饮厨房采购记录及相关资料应按照进货时间的先后次序整理。　　　（　　　）

15. 餐饮厨房在确定供应商时，应向其索取所采购烹饪原材料的检验合格证。　　　（　　　）

16. 餐饮厨房原料验收就是对其感官的检查。　　　（　　　）

17. 餐饮厨房肉类、水产品和禽类所需的保存温度通常比蔬菜和水果低。　　　（　　　）

18. 餐饮厨房所有食品原料贮存前都应清洗干净。　　　（　　　）

19. 餐饮厨房食品库房分类存放就是食品和非食品分开存放。　　　（　　　）

20. 餐饮厨房贮存食品的场所不得存放有毒、有害物品，但不包括洗涤剂和消毒剂。　　　（　　　）

21. 餐饮厨房保证所贮存食品新鲜程度的最简便和最有效的方法是先进先出。　　　（　　　）

22. 餐饮厨房销毁不相符合的食品时，应破坏食品原有的形态，以免误食。　　　（　　　）

23. 检查冷库的运转状况就是定期检查温度显示装置的温度是否达到要求。　　　（　　　）

24. 冷冻可以杀灭食品中的微生物，所以餐饮厨房可以用冷冻的方法，较长时间贮存具有潜在危险的食品。　　　（　　　）

25. 冷库（冰箱）内的温度至少应比食品中心温度低 5 ℃。　　　（　　　）

26. 为确保食品安全，餐饮厨房需冷藏的熟制品应当在烧熟后立即放入冰箱。　　　（　　　）

27. 餐饮厨房食品冷冻的适宜温度是 –10 ℃以下。　　　（　　　）

28. 食品冷冻应小批量进行，以使食品快速冻结。　　　（　　　）

29. 餐饮厨房鲜肉、禽类最佳贮存温度是低于 10 ℃。　　　（　　　）

30. 餐饮厨房生食的鱼类在加工前不应冷冻，以确保质量新鲜。　　　（　　　）

31. 餐饮厨房采购的禽类应当清洗后再贮存，以防止污染。　　　（　　　）

32. 不符合要求的食品应存放在具有醒目标志的专门场所。　　　（　　　）

33. 常温贮存适用于除具有潜在危险食品以外的食品品种。　　　（　　　）

34. 餐饮厨房具有潜在危险的食品应冷藏或冷冻贮存。　　　（　　　）

35. 餐饮厨房冷库（冰箱）的检查方法是查看并记录温度显示装置标示的温度。　　　（　　　）

36. 餐饮厨房常温贮存的温度通常应为 10～20 ℃，湿度为 50%～60%。　　　（　　　）

项目 9
厨房烹饪加工安全制作与规范

　　餐饮厨房烹饪加工制作包括烹饪原材料粗加工、冷菜与生食、热菜和面点制作等过程。在诸多烹饪加工环节中，由于餐饮工用具、从业人员、烹饪加工操作等方面的交叉污染，加热温度与时间不够，菜肴存放不当，违规使用食品添加剂，菜肴冷却方式未按食品安全操作规范实施，生食原料未去尽不可食部分等因素的影响均会导致食品安全问题的产生。所以必须采取有效手段，规范餐饮厨房烹饪加工食品安全操作规程，依法依规进行厨房烹饪加工，杜绝食品安全事故的发生。

学习目标

一、知识目标

◇ 熟悉餐饮厨房烹饪原辅料、食品成品的交叉污染等常见情况。

◇ 了解法定食品添加剂的使用要求。

◇ 了解餐饮厨房原料加工过程中的食品安全要求。

◇ 熟悉餐饮厨房烹饪加工中的食品安全问题。

◇ 掌握餐饮厨房冷菜和生食加工中食品安全的关键技术。

二、技能目标

◇ 能够对餐饮厨房烹饪原辅料进行有害物和污染物的去除。

◇ 会对冷冻烹饪原辅料进行正确解冻。

◇ 会测定食品中心温度，确认其烧熟煮透的方法。

◇ 会餐饮厨房原辅料、食品成品安全卫生的冷却方法。

三、情感目标

◇ 通过餐饮厨房烹饪加工安全制作与规范的学习，进一步培养食品安全的责任意识，提高食品安全的法律责任意识。

任务1 基础厨房原料加工

任务要求

1. 了解餐饮厨房食品制作的概念。
2. 熟悉餐饮厨房食品制作的作用及风险。
3. 熟悉基础厨房原料加工基本程序。
4. 熟悉餐饮厨房烹饪原料有害物和污染物的去除方法。
5. 了解餐饮厨房烹饪原料变质的原因。
6. 熟悉餐饮厨房避免烹饪原料变质的措施与方法。
7. 了解食用油安全使用重要性。
8. 掌握餐饮厨房食用油安全使用要求。
9. 熟悉餐饮厨房法律禁止的一些食品添加剂使用行为。
10. 掌握餐饮厨房法定食品添加剂的安全使用方法。
11. 熟悉药食两用物质的安全使用重要性。
12. 掌握餐饮厨房药食两用物质的安全使用法定要求。

情境导入

某市食品药品监管部门经过前后两次对所辖区锦绣天堂餐饮管理有限公司现场检查及抽样检验，发现其经营的腐竹、牛肉丸、鱼丸、鲜虾中含非食用物质硼砂，遂立案调查并移送公安机关。在掌握基本情况后，食品药品监管部门会同公安部门对该店进行突击检查，现场查获用于制作肉丸的白色粉末，同时将厨师梁某和马某带回公安机关协助调查。据查，该店在潮州牛肉丸、津津肥牛滑、津津鱼滑中非法添加硼砂，违法经营所得人民币 53 742 元。市食品药品监管部门依法拟吊销该店的《餐饮服务许可证》，没收违法所得 53 742 元，并处 53 7420 元的罚款。

知识准备

9.1.1 食品制作

食品是指各种供人食用或者饮用的成品和原料，以及按照传统既是食品又是药品的物品，但不包括以治疗为目的的物品。

1）餐饮食品制作的概念

（1）餐饮食品制作

餐饮食品制作是餐饮厨房将食物（原料）经过厨师烹饪操作加工、设备设施、能量及烹饪科学知识，把它们转变成半成品或可食用食品成品的过程。餐饮食品制作首先必须考虑其安全性，食品要无毒、无害、卫生。

（2）餐饮食品原料、半成品、成品

餐饮食品原料是供餐饮厨房加工制作食品所用的一切可食用或者饮用的物质和材料。

餐饮食品半成品是食品原料经餐饮厨房初步或部分加工后，尚需进一步加工制作的食品或原料（图9.1烹饪食品原料）。

餐饮食品成品是经过餐饮厨房加工制成的或待出售的可直接食用的食品。

图9.1　烹饪食品原料

2）餐饮食品制作的作用及其风险

餐饮食品制作的作用有：

①满足消费者对营养、感观、保健的要求。

②延长食品的保存期。

③增加多样性。

④提高附加值。

餐饮食品制作的各个环节，如原料采购、贮存、加工、烹制、备餐及配送等过程中都有可能产生食品安全问题，稍有不慎，就会酿成食物中毒事故。所以，食品制作的安全风险较大。

9.1.2　基础厨房原料加工中有害物和污染物的去除

1）基础厨房原料加工的基本程序

基础厨房主要从事烹饪原材料、辅料的粗加工和切配等烹饪基础加工工作。粗加工是指对烹饪原料进行挑拣、整理、解冻、清洗、分切、剥皮、去壳、去内脏、剔除不可食用部分等加工处理；切配是指把经过粗加工的食品进行修整、准备、切割、称量、拼配等加工处理成为半成品的操作（如图9.2牛肉分切）。

基础厨房食品原料加工的主要目的是去除原料中的污染物及不可食部分。其主要操作过程包括挑拣、解冻、清洗、切配及加工后半成品的贮存等诸多环节（如图9.3烹饪原料切配）。

餐饮基础厨房加工基本程序为：

图9.2　牛肉分切　　图9.3　烹饪原料切配

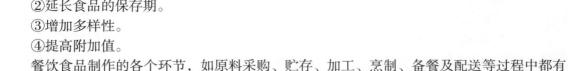

烹饪原料 → 挑拣或解冻 → 清洗 → 切配 → 预处理 → 半成品 → 贮存

2）基础厨房原料加工的法定要求

图 9.4　厨房配菜

我国《餐饮服务食品安全操作规范》第二十一条规定，粗加工与切配食品安全要求：

①加工前应认真检查待加工食品，发现有腐败变质迹象或者其他感官性状异常的，不得加工和使用。

②食品原料在使用前应洗净，动物性食品原料、植物性食品原料、水产品原料应分池清洗，禽蛋在使用前应对外壳进行清洗，必要时进行消毒。

③易腐烂变质食品应尽量缩短在常温下的存放时间，加工后应及时使用或冷藏。

④切配好的半成品应避免受到污染，与原料分开存放，并根据性质分类存放。

⑤切配好的半成品应按照加工操作规程，在规定时间内使用。

⑥用于盛装食品的容器不得直接放置于地面，以防止食品受到污染。

⑦加工用的工具及容器应符合本规范第十七条第十五项规定，生熟食品的加工工具及容器应分开使用并有明显标识（如图 9.4 厨房配菜）。

3）有害物和污染物的去除方法

餐饮厨房所用的烹饪原料中有相当一部分属于食用农产品，因此，原料的挑拣、清洗就成为加工过程的第一道工序。本工序除对食品原料进行挑拣整理以去除不可食部分并清洗干净外，一些特殊的食品原料在加工中有害物和污染物的去除方法有以下几种：

①已死亡的河蟹、蟛蜞、螯虾、黄鳝、甲鱼、乌龟、贝壳类，一矾或二矾海蜇，发芽的马铃薯、发苦的夜开花等都含有毒素，加工时应注意检查。

图 9.5　贻贝内脏去除

②叶菜应将每片菜叶摘下后彻底清洗，因污物可能会进入菜的中心部分。

③为去除蔬菜中可能含有的农药，可先用清水浸泡 30～60 分钟，烹饪前再烫漂 1 分钟。

④鲜蛋应在洗净后打入另外的容器内，经检查未变质的再倒入集中盛放蛋液的容器中（如图 9.5 贻贝内脏去除）。

9.1.3　餐饮厨房避免烹饪原料变质的措施

1）烹饪原料变质的原因

（1）烹饪原料变质

餐饮厨房烹饪原料变质是指烹饪原料发生物理反应使外形变化，以及在以微生物为主的生物化学作用下所发生的腐败变质，包括原料成分与感官性状的各种酶性、非酶性变化及夹杂物污染，从而使烹饪原料降低或丧失食用价值的现象。

（2）烹饪原料变质的原因

餐饮厨房烹饪原料变质的原因是多方面的，归纳起来有：

①因微生物的繁殖引起食品腐败变质。

②因空气中氧的作用，引起食品成分的氧化变质。

③因食品内部所含氧化酶、过氧化酶、淀粉酶、蛋白酶等的作用，促进食品代谢作用的进行，产生热、水蒸气和二氧化碳，从而使食品变质。

④因昆虫的侵蚀、繁殖和有害物质间接与直接污染，致使食品腐败。

在餐饮厨房烹饪原料变质的诸多因素中，微生物的污染是最活跃、最普遍的因素，起主导作用。一般来说，鱼、肉、果蔬类食品，以细菌作用最为明显，粮食、面制品则以霉菌作用最为显著。

（3）烹饪原料变质感官检查

餐饮厨房变质的烹饪原料不仅外观发生变化，失去原有的色、香、味等品质，其营养价值也会下降。不仅如此，变质的烹饪原料还会含有相应毒素危害食用者健康。其主要感官变化有：

①变黏。由细菌生长代谢形成的多糖所致，常发生在以碳水化合物为主的原料中。

②变酸。常发生在以碳水化合物为主的食品和乳制品中，主要是由腐败微生物生长代谢产酸所致。

③变臭。是由于细菌分解烹饪原料中蛋白质产生有机胺、氨气、硫醇等所致。

④霉味。是由于烹饪原料受到霉菌污染，在温暖潮湿的环境下发生霉变而产生霉味。

⑤哈喇味。哈喇味是由脂肪氧化酸败产生的，常见的烹饪原料肥肉由白色变黄，食用油贮存不当或贮存时间过长均容易变质产生哈喇味。

2）避免餐饮厨房烹饪原料变质的措施与方法

（1）正确进行解冻

在正常室温条件下进行烹饪原料的解冻，会使烹饪原料长时间处在危险温度带下，烹饪原料中的微生物将迅速繁殖。避免烹饪原料变质的正确解冻方法应使烹饪原料迅速通过或在尽可能短的时间内通过危险温度带，其具体方法有：

①在 5 ℃或更低的冷藏温度的条件下进行解冻。这种解冻方法所需要的时间较长，有可能需花费一天至数天，但对于烹饪原料品质影响最小。由于解冻过程需要较长时间，应对原料的使用事先有所安排。

②将需解冻的食品原料浸没在 20 ℃以下的流动水中解冻。这种解冻方法所需要的时间较短，但应注意水的温度在 20 ℃以下，并使用流动水。

③微波解冻。这种解冻方法只适用于立即就要加工的烹饪原料，并且解冻的烹饪原料应体积较小，因为体积过大的烹饪原料（如整只鸡）用微波炉解冻效果常常不佳。

④将冷冻烹饪原料直接烹饪。这种做法因烹饪原料在冷冻状态下烧熟需更多的热量，如按照非冷冻的时间进行烹饪加工，容易造成菜肴外熟内生的情况。因此，必须有足够的烹饪时间确保烹饪原料中心温度达到食品安全要求。

当然，在解冻环节尤其要注意不要反复对食品进行解冻、冷冻，因为这样会造成烹饪原料反复经过危险温度带，使微生物大量繁殖。同时，反复解冻、冷冻对烹饪原料的品质和营养也有较大影响。

（2）防止烹饪原料加工中交叉污染

①对菜点成品的污染防止。餐饮厨房为避免烹饪原料、半成品在加工中对酒店菜点成品

可能产生的污染，烹饪原料、半成品的加工场所除应尽量与成品加工场所分开，以免造成对菜点成品的污染外，其他具体的食品安全操作措施有：

A. 用于烹饪原料、半成品的工具、容器和水池，不得用于菜点成品。

B. 加工烹饪原料、半成品的人员一般不宜承担菜点成品的加工（如冷菜装配、膳食分装等），因为这样存在较大的食品安全风险。如有需要，应经严格洗手、消毒并更换工作服后方可从事。

②不同种类烹饪原料的污染防止。餐饮厨房动物性食品与植物性食品的污染程度和各自可能携带的致病微生物是不一样的，如蔬菜、瓜果的致病菌通常是大肠杆菌，海产品中通常是副溶血弧菌，家禽、禽蛋则为沙门氏菌等。如果在进行烹饪原料粗加工和切配时，工具、容器和水池不能分开使用，就很容易造成交叉污染。蔬菜在烹饪时一般为短时间内急火猛炒，这对于杀灭被大肠杆菌污染的蔬菜一般问题不大，但如果污染了对热抵抗力相对较强的沙门氏菌等致病菌，这样的操作有可能不能完全杀灭致病菌。因此，动物性烹饪原料、植物性烹饪原料应分池清洗，水产品则宜在专用水池清洗。

（3）避免操作不当引起烹饪原料变质

餐饮厨房避免操作不当引起烹饪原料变质的食品安全防止措施有：

①对肉类、水产、禽类等具有潜在危害的烹饪原料，挑拣、解冻、清洗、切配后应及时在 5 ℃以下冷藏，避免此类烹饪原料在常温条件下因存放过长时间，引起微生物大量繁殖。短时间内大批加工菜点的餐饮酒店宴会厨房尤其应注意这点。

②如这些加工工序不是连续进行，前一工序完成后应及时将烹饪原料冷藏，待下一工序开始前再取出。如果清洗后需数小时后再集中集中进行切配的，应先冷藏，待切配时再取出。

③青占鱼、三文鱼、金枪鱼、沙丁鱼、秋刀鱼等青皮红肉鱼在加工中尤其应注意鲜度，及时进行冷藏，以避免因细菌繁殖产生大量组胺而引起食物中毒。

（4）半成品限期使用

餐饮厨房很多半成品在加工后并不是立即进行烹饪，有的菜肴在烹调工艺上要求半成品在上浆、腌制后需放置一定的时间。此时的半成品均具有潜在威胁，必须在 5 ℃以下冷藏，同时对使用期限应有所控制。

9.1.4　食用油安全使用要求

1）食用油安全使用的重要性

餐饮厨房食用油由于贮存不当、贮存时间过长或反复煎炸循环使用，其脂肪会发生氧化酸败而变质或发生油脂的裂解反应，产生致人癌瘤的3,4-苯并芘，使油脂色泽变深、稠度增加，产生哈喇味及苦涩味。餐饮厨房使用变质油脂加工食品，极易导致食品安全问题，对消费者的健康带来不利影响。所以，使用安全卫生的食用油，对食品安全的保障意义极大。

2）食用油安全使用要求

餐饮厨房食用油安全使用要求有以下几个方面：

①不得将厨房回收菜肴中的油脂、煎炸老油等废弃油，以及来历不明的油脂用做菜肴烹饪加工。使用此类油脂加工菜点的，将受到严厉的处罚。

②应定期监测所使用的食用油的质量。不再适用于菜点烹饪加工的，应及时更换。

③无法监测食用油质量的，连续煎炸菜点的食用油，累计使用期限不能超过 12 小时，非连续使用食用油，使用期限不能超过 3 天。

④废弃的食用油应完全彻底更换，不应以添加新油的方式延长使用期限。

9.1.5 食品添加剂安全使用要求

1）食品添加剂安全使用法定要求

我国《食品添加剂使用卫生标准》（GB 2760 —2011）规定：

①按照《食品添加剂使用卫生标准》规定的适用范围使用食品添加剂。

②按照《食品添加剂使用卫生标准》规定的使用量使用食品添加剂。

《食品添加剂使用卫生标准》中对每种食品添加剂允许使用的食品都有明确规定，除少数食品添加剂在各类食品中均可使用外，大部分食品添加只能在一个特定范围内的食品中使用，特定范围之外的食品则不能使用。如胭脂红等合成色素只能用做糕点的彩装，不能用在主食、肉食等其他食品中。另外，在允许使用的每种食品中，都规定有最大允许使用量。除少数食品添加剂可按生产需要使用以及香料不规定使用量外，大部分食品添加剂都有具体的使用限量，不同食品的限量可能不同。如作为膨松剂的磷酸氢钙在发酵面制品中可按生产需要量使用，而在手指饼干中的使用限量为 1.08 克／千克。

2）法律禁止的一些食品添加剂使用行为

《食品添加剂使用卫生标准》中名单以外的添加物即为非食用物质，禁止使用于食品中，违者将会受到《中华人民共和国刑法》制裁（图 9.6 食品添加剂滥用）。法律禁止的一些食品添加剂使用行为还包括：

①禁止在食品中添加非食用物质，即除了食品添加剂和食品原料以外的物质。如火锅中加入罂粟壳（粉）和罗丹明 B，面制品中加入吊白块，肉制品加工中加入硼砂，凤爪加工中加入双氧水等。

②禁止滥用（即超范围、超量使用）食品添加剂。

图 9.6　食品添加剂滥用

如在馒头等发酵面制品中使用柠檬黄色素，在腌腊肉制品中使用亚硝酸钠超过 0.15 克／千克。

③禁止以掩盖食品腐败变质，或者以掺假掺杂、伪造为目的而使用食品添加剂。如畜禽肉在加工以前已有变质的迹象，为掩盖异味加入香精或香料；以伪造为目的，在猪肉中加入牛肉香精并宣称为牛肉。常见烹饪原料可能添加的非食用物质及可能滥用的食品添加剂如表 9.1 和表 9.2 所示。

表 9.1　烹饪原料可能添加的非食用物质

违法添加物	可能添加的食品品种	违法添加物	可能添加的食品品种
吊白块	腐竹、粉丝、竹笋、面粉等	工业硫磺	银耳、姜、龙眼、胡萝卜、白砂糖等
苏丹红	辣椒粉及辣椒制品等	一氧化碳	金枪鱼、三文鱼等
硼酸与硼砂	腐竹、凉皮、肉圆、凉粉等	工业染料	小米、玉米粉、熟肉制品等
碱性嫩黄	豆制品	罂粟壳	火锅底料和小吃等

违法添加物	可能添加的食品品种	违法添加物	可能添加的食品品种
工业甲醛	海参、鱿鱼等干水制品、血豆腐等	荧光增白剂	双孢蘑菇、金针菇、白灵菇、面粉等
工业用火碱	海参、鱿鱼等干水制品、生鲜乳等	酸性橙Ⅱ	黄鱼、鲍汁、腌卤肉制品、辣椒面、豆瓣酱等
工业明胶	肉皮冻、冰淇淋等	碱性黄	大黄鱼等
工业氯化镁、磷化铝	木耳等	磺胺二甲嘧啶	叉烧肉类等
工业用乙酸	勾兑食醋等	乌洛托品	腐竹、米线等
敌敌畏	火腿、鱼干、咸鱼等	敌百虫	腌制食品等

表 9.2　食品中可能滥用的食品添加剂

食品品种	易滥用食品添加剂	食品品种	易滥用食品添加剂
渍菜（泡菜等）、葡萄酒	着色剂（胭脂红、柠檬黄、日落黄、诱惑红）等	腌菜	着色剂、防腐剂、甜味剂（糖精钠、甜蜜素）等
馒头	漂白剂	油条	硫酸铝钾、硫酸铝铵
蔬菜干制品	硫酸铜	臭豆腐	硫酸亚铁
鲜瘦肉	胭脂红	大、小黄鱼	柠檬黄
烤鱼片冷冻虾、鱼干、蟹肉、鱼糜等	亚硫酸钠	肉制品、卤制熟食	护色剂（硝酸钠、亚硝酸盐）

3）食品添加剂的安全使用方法

餐饮厨房中，由于食品添加剂加到菜点食品中的量大多很少，即使可以按生产需要量使用的食品添加剂，从保证菜点食品品质及安全的角度考虑，使用量也应做到标准化。餐饮厨房食品添加剂的安全使用方法是：

①制定每种加入食品添加剂的菜点食品的添加剂使用清单，明确添加剂品种、用量和方法。

②配备微型电子秤或量勺，严格按规定定量使用食品添加剂。

③加入菜点食品中的食品添加剂应搅拌均匀。

④使用的食品添加剂必须由专人领用，领取和使用情况由专人专门记录。

图 9.7　芡实

9.1.6　餐饮厨房药食两用食物的安全使用要求

药食两用食物是指既可以作为可口的菜点食品食用，又能够当作药材治病的食物（图 9.7 芡实）。如橘子、粳米、赤小豆、龙眼肉、山楂、乌梅、核桃、杏仁、饴糖、花椒、小茴香、桂皮、砂仁、南瓜子、蜂蜜等，它们既属于中药，有良好的治病疗效，又是大家经常吃的富有营养的可口食品。药食两用的中药名单91种，这91种中药，既可以作为食品用，也可以作为药品用，是进行食品或保健食品开发的重要原料。

1）药食两用物质安全使用的重要性

（1）药食同源

中医治病最主要的手段是中药和针灸。中药多属天然药物，包括植物、动物和矿物，而可供人类饮食的食物，同样来源于自然界的动物、植物及部分矿物质，因此，中药和食物的来源是相同的。有些植物、动物和矿物质，只能用来治病，就称为药物，而有些植物、动物和矿物质，只能作饮食之用，就称为饮食物。但其中的少部分东西，既有治病的作用，同样也能当作饮食之用，叫作药食两用食物（图9.8 肉苁蓉）。由于它们都有治病功能，因此药物和食物的界限不是十分清楚的。如橘子、粳米、赤小豆、龙眼肉、山楂、乌梅、核桃、杏仁、饴糖、花椒、小茴香、桂皮、砂仁、南瓜子、蜂蜜等，它们既属于中药，有良好的治病疗效，又是经常吃的富有营养的可口食品。

图 9.8　肉苁蓉

（2）防治疾病

中药的治疗药效强。用药正确时，效果突出；用药不当时，容易出现较明显的副作用。而食物的治疗效果不及中药那样突出和迅速，配食不当，也不至于立刻产生不良的结果。不可忽视的是，药物虽然作用强，但一般不会经常吃，食物虽然作用弱，但天天都离不了。我们的日常饮食，除提供必需的营养物质外，还会因食物的性能作用或多或少地对身体平衡和生理功能产生有利或不利的影响，日积月累，从量变到质变，这种影响作用就变得非常明显。因此，正确合理地调配饮食，会起到药物所不能达到的效果（图9.9 茯苓）。

图 9.9　茯苓

（3）安全使用的重要性

药食两用原料在餐饮厨房烹饪制作中经常使用，若超量、超范围使用，容易出现较明显的副作用，给消费者健康带来不利的影响。所以，在餐饮厨房烹饪制作中正确使用药食两用原料，使其恰到好处，具有十分重要的意义。

2）药食两用物质安全使用的法定要求

餐饮厨房中，药食两用物质的安全使用法定要求是：

①《食品安全法》规定，食品中不得添加药品，但可以添加按照传统既是食品又是中药材的物质。

图 9.10　肉豆蔻

②卫计委公布的既是食品又是药品的物品名单中一共有91种中药材，人参、黄芪、当归和冬虫夏草等药材均不在该名单中，只有这91种中药材才能用于菜点制作（图9.10 肉豆蔻）。

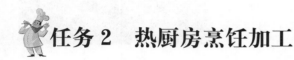

学生活动　网上查阅 91 种药食两用物质清单

[参考答案]

既是食品又是药品的物品名单

丁香、八角茴香、刀豆、小茴香、小蓟、山药、山楂、马齿苋、乌梢蛇、乌梅、木瓜、火麻仁、代代花、玉竹、甘草、白芷、白果、白扁豆、白扁豆花、龙眼肉（桂圆）、决明子、百合、肉豆蔻、肉桂、余甘子、佛手、杏仁（甜、苦）、沙棘、牡蛎、芡实、花椒、赤小豆、阿胶、鸡内金、麦芽、昆布、枣（大枣、酸枣、黑枣）、罗汉果、郁李仁、金银花、青果、鱼腥草、姜（生姜、干姜）、枳子、枸杞子、栀子、砂仁、胖大海、茯苓、香橼、香薷、桃仁、桑叶、桑椹、桔红、桔梗、益智仁、荷叶、莱菔子、莲子、高良姜、淡竹叶、淡豆豉、菊花、菊苣、黄芥子、黄精、紫苏、紫苏籽、葛根、黑芝麻、黑胡椒、槐米、槐花、蒲公英、蜂蜜、榧子、酸枣仁、鲜白茅根、鲜芦根、蝮蛇、橘皮、薄荷、薏苡仁、薤白、覆盆子、藿香。

任务 2　热厨房烹饪加工

任务要求

1. 掌握热厨房烹饪加工安全的烹饪温度和时间。
2. 熟悉未烧熟煮透的常见原因。
3. 会防止未烧熟煮透的方法及确认方法。
4. 了解菜肴食品再加热的食品安全要求。
5. 掌握烧烤加工食品安全要求。

情境导入

2005 年某日，上海市某电子配件公司部分员工晚餐后出现腹痛、腹泻等食物中毒症状，发病者均食用了某餐饮公司当日晚餐提供的桶饭。经 FDA 调查，该餐饮公司当日晚餐供应的红烧豆腐，是在中午从用餐单位处收回的红烧豆腐中，加入新烧制的豆腐后再次供应的，从而导致该食物中毒案件的发生。

知识准备

9.2.1　热厨房烹饪加工法定要求

我国《餐饮服务食品安全操作规范》中对烹饪要求规定：

①烹饪前应认真检查待加工菜点食品原料、半成品，发现有腐败变质或者其他感官性状异常的，不得进行烹饪加工。

②不得将回收后的菜点食品经烹饪加工后再次销售。

③需要熟制加工的菜点食品应当烧透煮熟，其加工时菜点食品中心温度应不得低于 70 ℃。

④加工后的成品应与半成品、原料分开存放。

⑤需要冷藏的熟制品，应尽快冷却或冷藏，冷却应在清洁操作区进行，并标注加工时间等。

⑥用于烹饪的调味料盛放器皿宜每天清洁，使用后随即加盖，不得与地面或污垢接触。

⑦菜点食品用的围边、盘花应保证清洁新鲜、无腐败变质，不得回收后再使用（如图9.11 热厨房工作准备1）。

图 9.11　热厨房工作准备 1

9.2.2　热厨房烹饪加工安全的烹饪温度和时间

餐饮热厨房是对经过粗加工、切配的原料或半成品进行煎、炒、炸、焖、煮、烤、烘、蒸及其他热加工处理制作热菜的操作场所（如图9.12 热厨房工作准备2）。

图 9.12　热厨房工作准备 2

1）热菜加工操作流程

①当餐制作操作流程。

②隔餐制作操作流程。

2）安全的烹饪温度和时间控制技术

热厨房烹饪加工时，原料的中心温度必须达到70 ℃以上并维持一段时间才能杀灭有害微生物。为保险起见，中心温度最好达到75 ℃ 15秒以上，尤其是对于易携带沙门氏菌的畜禽类。采用微波加热方式烹饪的，原料的中心温度达到75 ℃后必须加盖焖两分钟。

（1）食品用温度计的选择和使用

温度是影响食品安全性的重要因素，因此测量食品的中心温度相当重要。在验收、贮存、烹饪、备餐等各环节，都应备有合适、可靠和准确的食品用温度计。

①双金属温度计。双金属温度计是最常见的食用品温度计，这种温度计测定的是由棒尖至沿棒的数厘米感温范围内的平均温度。这种温度计适合测量较厚食品的中心温度，因为这种温度计需要将整个感温范围都插入食物。双金属温度计可在20秒至2分钟之内显示读数（如图9.13 双金属温度计测鱼的中心温度）。

图 9.13　双金属温度计测鱼的中心温度

②热电偶温度计和热敏电阻温度计。热电偶温度计和热敏电阻温度计是通过棒尖的感应器测量温度，10秒之内就有结果。由于感应器设在棒尖，因此无论食品厚薄，这两种温度计

图 9.14　热电偶温度计和热敏电阻温度计
　　　　测面包的中心温度

都能测量（如图 9.14 热电偶温度计和热敏电阻温度计测面包的中心温度）。

③红外线温度计。红外线温度计可以在 1 秒内测出食品和食品包装的表面温度。这种温度计测量的是从物体表面释放的辐射能，所以无须接触物体表面即可测量（如图 9.15 红外线温度计）。红外线温度计适合检查冷库、冰箱的贮存温度，但不适合测量食品的中心温度、也不能准确地测量金属表面的温度。

④连续测温度计。连续测温度计可以连续性地测量，间隔时间可以设定为从几分钟到几小时不等测量食品加工环境或食品的中心温度并记录测量的时间，数据贮存在温度计内的芯片中，贮存量可达几千个。

（2）温度计使用注意事项

餐饮厨房为保障食品安全，温度计使用注意事项有：

①使用前，阅读说明书，了解温度计应插进菜点食品多深才能准确读数。

②把温度计存放在清洁卫生的环境中。

③使用温度计前可用沸水或酒精消毒，或按使用说明书建议的消毒剂。

④使用时，把探针插进菜点食品的中心（或最厚）部分，以测量菜点食品中心的温度，测量时等待 15 秒（或按说明建议的时间）后读取温度。

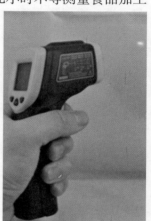

图 9.15　红外线温度计

⑤测量汤和酱汁的温度前，应将汤和酱汁搅匀。测量时不要让温度计的尖端触及食品容器的四周和底部。

⑥测量预包装菜点食品温度时，应把温度计的探针放在两件菜点食品的包装之间，并避免损坏菜点食品。

⑦测量散装菜点食品温度时，应将温度计插入菜点食品的中心部分。

⑧每次测量过热和过冷的食物后，要等温度计的读数恢复后才可继续使用。

（3）温度计的检查和校准

餐饮厨房食品用温度计在使用前、外力碰撞后和使用一段时间后，都应进行例行检查和校准，以确保菜点食品中心温度读数准确可靠。各种探针式温度计可采取下列方法校准，以检查其准确性。

①冰点法。冰点法温度计的检查和校准方法是：

A. 把容器装满冰，加入清洁的自来水到盖过碎冰，然后搅匀。

B. 把温度计的探针插至冰水中 5 厘米，注意不要接触到容器内壁及底部。

C. 约 30 秒后或读数稳定后读取温度，温度计的读数应为 0 ℃。

②沸点法。沸点法温度计的检查和校准方法是：

A. 把清洁的自来水煮沸，将温度计的探针至少插入液面下 5 厘米，注意不要触及容器内壁及底部。

B. 约 30 秒后或读数稳定后读取温度，温度计的读数应为 100 ℃。

如温度计的读数与冰点或沸水相差超过1℃，应校准温度计。无法校准至上述水平，应维修或更换温度计。

9.2.3 未烧熟煮透的常见原因

烧熟煮透看上去比较容易，但许多食物中毒的案例表明，各种原因导致的烹饪加工操作不当都会引起未烧熟煮透。餐饮厨房未烧熟煮透的常见原因有以下几个方面：

①同锅烹饪的菜点食品原料太多，受热不均匀，使部分菜点食品原料未烧熟煮透。

②厨房烹饪加工设备发生故障（如蒸箱发生局部故障等），使菜点食品原料未烧熟煮透。

③菜点烹饪原料或半成品在烹饪前未彻底解冻，但烹饪时间仍按常规已解冻的烹饪原料或半成品，使其中间部位未能达到杀灭病原微生物的温度。

④过于追求菜点食品的鲜嫩，致使烹饪时间较短，部分菜点食品原料未烧熟煮透。

图9.16　热菜精心制作

⑤菜点烹饪原料切配不当，体积过大，且烹饪时间不足，使部分菜点烹饪原料中间部位未烧熟煮透。

⑥为缩短顾客上菜等候的时间，往往先将菜点烹饪原料通过预处理，制成半生不熟的半成品，但在最终烹饪加工中烹饪时间过短，造成加热不彻底。

⑦菜点烹饪原料的加工量超出了厨房的加工能力，为追求快速出菜，导致烹饪时间过短（如图9.16热菜精心制作）。

9.2.4 防止未烧熟煮透的方法

餐饮厨房菜肴加工工艺的要求首先是要烧熟，防止热厨房烹饪加工中未烧熟煮透的方法有以下5个方面：

①制定热厨房菜点食品烹饪加工操作规程，烹饪前对烹饪原料的彻底解冻，每锅菜点食品大致的烹饪数量、烹饪方法与烹饪时间都应作出明确规定。

②尽可能将菜点食品烹饪原料切配得小一些，以保证热烹饪加工中受热均匀。

③四季豆等豆荚类菜肴，不能过于追求色泽好看而缩短烹饪加热时间。

④定期检修厨房烹饪设备设施，保证热厨房烹饪加工时的温度能达到菜肴制作食品安全的要求。

⑤避免热厨房超负荷加工菜肴食品。

9.2.5 确认烧熟煮透的方法

餐饮厨房确认菜肴加工中烧熟煮透的方法有：

①测定菜肴食品的中心温度是否达到食品安全的要求。

②测定时要正确选择和使用温度计。

③应选择菜肴食品中体积最大的测定其中心温度，每锅菜点食品至少测两个位置的温度。

④加工大块肉类时，应切开看中心部位是否有血水。

9.2.6　菜肴食品再加热的安全要求

菜肴食品再加热不当也是食物中毒常见的原因，因为需要再加热的菜肴食品往往已经存放了一段时间，食品中的细菌已经繁殖到一定数量，而这些菜肴食品一般又被视作熟食品，容易因忽视而导致再加热不彻底。

1）法规要求

我国《餐饮服务食品安全操作规范》中第三十条食品再加热要求规定：

①保存温度低于 60 ℃或高于 10 ℃，存放时间超过 2 小时的熟食品，需要再次利用的应充分加热。加热前应确认食品未变质。

②冷冻熟食品应彻底解冻后经充分加热方可食用。

2）菜肴食品再加热的安全要求

热厨房菜肴食品进行再加热时的安全要求是：

①菜肴食品在再加热前应确认未变质。

②按菜肴食品烹饪的温度进行再加热，以杀灭食品中的致病菌，加热时中心温度应高于 70 ℃，未经充分加热的食品不得供消费者食用。如加热温度不够高，非但不能彻底杀灭致病菌，反而会提供致病菌适宜的繁殖温度条件。

③再加热时间过长会影响食品的感官，可以采用搅拌等方式使食品温度均匀地升高，缩短再加热时间。

④冷冻熟食品一般应彻底解冻后再进行加热，避免产生中间部分温度低于 70 ℃的现象。

⑤菜肴食品再加热不要超过一次，再加热后仍未食用完的食品应废弃。

⑥从顾客处回收的食品，即使经过再加热也不得再次供应。

9.2.7　烧烤加工安全

烧烤是以燃料加热和干燥空气，并把菜肴食品放置于热干空气中一个比较接近热源的位置来加热菜肴食品的烹饪方法。

1）烧烤加工安全的重要性

（1）烧烤加工安全的法规要求

图 9.17　烧烤加工

我国《餐饮服务食品安全操作规范》中第二十九条烧烤加工要求规定：

①加工前应认真检查待加工食品，发现有腐败变质或者其他感官性状异常的，不得进行加工。

②原料、半成品应分开放置，成品应有专用的存放场所，避免受到污染。

③烧烤时应避免食品直接接触火焰（如图 9.17 烧烤加工）。

（2）烧烤加工安全的重要性

烧烤加工安全的重要性在于：

①烧烤时，肉类、鱼类等烹饪原料中的核酸、氨基酸在加热时会分解产生基因突变物质，

这些物质可能会导致癌症的发生。

②由于肉类、鱼类等烹饪原料直接在高温下进行烧烤，被分解的脂肪滴在炭火上，焦化产生一种叫 3,4- 苯并芘的高度致癌物质，附着于食物表面，从而诱发胃癌、肠癌（图 9.18 3,4- 苯并芘化学结构）。

③肉串烤制前的腌制环节容易产生另一种致癌物质亚硝胺。

④富含碳水化合物的烹饪原料在烧烤时易产生丙烯酰胺的致癌物质。所以烧烤安全极为重要，对于人群癌瘤的发生意义重大，必须加以关注并作好预防。

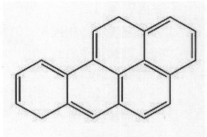

图 9.18 3,4- 苯并芘化学结构

2）减少肉类烧烤和熏制加工中产生的多环芳径

餐饮热厨房在烧烤和熏制烹饪加工中减少肉类产生的多环芳径措施有以下几个方面：

①烧烤时以燃气炉或电炉代替炭炉。

②避免油脂滴在热源上，事先去除肉上的脂肪有助于避免油脂滴落。

③使肉与热源保持距离，以避免肉类直接接触火焰。

④烧烤、熏制时宜采用较低的温度，但应确保杀灭致病菌。

⑤将肉在沸水中煮至半熟再进行烧烤、熏制。

⑥用锡纸包裹肉类后进行烧烤。

3）减少菜肴食品加工中产生的丙烯酰胺

餐饮热厨房在油炸、烧烤和烘焙薯条、糕点等富含碳水化合物的过程中，会产生一种称为丙烯酰胺的致癌物。减少菜肴食品加工中产生的丙烯酰胺措施有：

①控制菜肴食品油炸、烧烤和烘焙的时间和温度，不过度烹饪食品，但应确保杀灭致病菌。

②油炸后的菜肴食品应呈金黄色，剔除色泽较深者，因其含较多丙烯酰胺。

图 9.19 封住垃圾食品

③米粉不易产生丙烯酰胺，可用米粉替换面粉和马铃薯作为原料（图 9.19 封住垃圾食品）。

🧁学生活动 讨论四季豆中皂素的去除方法

[参考答案]

四季豆中含有有毒物质——皂素，中毒后的临床表现有：恶心、呕吐、腹痛、头晕、出冷汗等，潜伏期 1～5 小时。为去除四季豆中的皂素，四季豆必须彻底进行加热，烹调时应先将四季豆放入开水中烫煮 10 分钟，然后再炒制。

🧁学生活动 模拟测定菜肴食品中心温度

采用双金属温度计，将整个感温范围都插入菜肴食品中心部位测量其中心温度。

[参考答案]

①双金属温度计用沸水或酒精消毒。

②把深针插进菜肴食品的中心或最厚的部分，以测量菜肴食品中心的温度；测量时，等待 15 秒后读取温度。

③测量时不要让双金属温度计的尖端触及菜肴食品容器的四周和底部。

④每次测量过热和冷的食物后，要等温度计的读数恢复后才可继续使用。

任务 3　冷厨房冷菜和生食加工

任务要求

1. 掌握冷厨房冷菜冷却的安全方法。
2. 掌握冷菜快速冷却技术。
3. 掌握冷菜存放温度和时间控制。
4. 会分析冷菜存放不当的常见情形。
5. 掌握安全存放冷菜的措施。
6. 熟悉生食加工安全的重要性。
7. 掌握生食加工的安全要求。
8. 掌握饮料现榨、水果拼盘加工的安全要求。

情境导入

某市食品药品监管部门在某燕鲍翅精作房有限责任公司检查时，发现该酒店餐饮服务许可证备注内容为"含凉菜，不含生食海鲜、裱花蛋糕"，但该酒店擅自改变餐饮服务备注项目，从事生食海鲜北极贝刺身、白玉豚刺身等制售。同时，存在经营超保质期限菜肴食品等行为。FDA 根据中华人民共和国《食品安全法》给予该酒店警告、没收违法所得人民币 23 563.6 元，并处罚款 121 818.00 元的行政处罚。

知识准备

9.3.1　冷厨房冷菜制作的安全要求

图 9.20　刺身拼盘

凉菜(包括冷菜、冷荤、熟食、卤味等)是指对经过烹制成熟、腌渍入味或仅经清洗切配等处理后的菜肴食品进行简单制作并装盘，一般无须加热即可食用的菜肴(图 9.20 刺身拼盘)。

餐饮酒店食物中毒的相当一部分是由冷菜所引起的，这是因为：

①大部分冷菜属于蛋白质、水分含量高的菜肴食品，特别适合细菌生长繁殖。

②冷菜制作手工操作多，与工具、容器和厨师手部接触的机会多，极易受到交叉污染，且加工后在食用前不再有加热杀菌的机会。

③多数冷菜在制作后还要经过冷却等过程，并非立即食用，给细菌提供了繁殖时间。所以，冷菜是具有潜在危害的食品，必须特别注意冷菜制作的安全。

1）冷菜加工流程

①熟制冷菜。

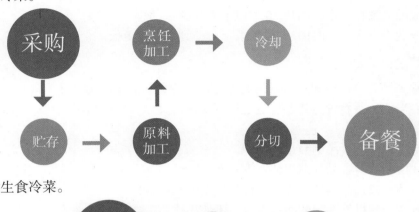

②即食生食冷菜。

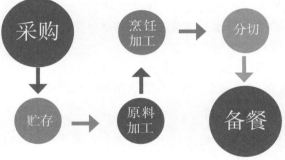

2）冷菜加工食品安全法定要求

我国《餐饮服务食品安全操作规范》第二十四条凉菜配制要求规定：

①加工前应认真检查待加工食品，发现有腐败变质或者其他感官性状异常的，不得进行加工。

②专间内应当由专人加工制作，非操作人员不得擅自进入专间。专间内操作人员同时应符合本规范第十二条第四项的要求。

③专间每餐（或每次）使用前应进行空气和操作台的消毒。使用紫外线灯消毒的，应在无人工作时开启30分钟以上，并作好记录。

④专间内应使用专用的设备、工具、容器，用前应消毒，用后应洗净并保持清洁。

⑤供配制凉菜用的蔬菜、水果等食品原料，未经清洗处理干净的，不得带入凉菜间。

图9.21　冷菜

⑥制作好的凉菜应尽量当餐用完，剩余尚需使用的应存放于专用冰箱中冷藏或冷冻（如图 9.21 冷菜）。

3）冷菜冷却的安全方法

熟制冷菜在烹制成熟后通常需要冷却才能进行下一工序的操作，如果冷却时不能在较短的时间内通过危险温度带，这样就有可能存在食品安全风险。餐饮冷厨房冷菜冷却的安全方法有：

①将制成的冷菜在 2 小时内从 60 ℃以上冷却到 20 ℃。

②将制成的冷菜在 4 小时内从 20 ℃以上冷却到 5 ℃或更低。

4）冷菜快速冷却技术

冰箱通常不具有快速冷却菜肴食品的能力，菜肴食品的厚度和密度通常是影响冷却速度的主要因素，当然，菜肴食品盛装容器也能影响冷却速度。冷厨房冷菜快速冷却技术包括以下几个方面：

①减少待冷却菜肴食品的数量和体积。

②使用冰浴使菜肴食品的温度快速下降。

③使用不锈钢或铝制容器，不使用传热较慢的塑料容器。

④使用真空冷却机等专门的冷却设备，不使用冰箱。

冰浴使用的冰块必须按食用冰的要求制作，安全操作技术包括：

①使用经反渗过滤可直接饮用的纯净水制冰。

②制冰设备、容器和工具应经过消毒处理。

③冰铲不使用时，应放置于消毒水中，不能放在制冰机内，以免冰块受到冰铲手柄的污染。

5）冷菜存放温度和时间控制

餐饮冷厨房制作好的冷菜应尽量当餐用完。剩余尚需使用的应存放于专用冰箱中冷藏或冷冻，但时间不能超过 48 小时。

6）冷菜存放不当的常见情形

冷菜制作完成后如存放不当会受到污染，导致细菌大量生长繁殖，餐饮冷厨房冷菜存放不当的常见情形有以下几个方面：

①宴会所提供的冷菜通常需要在较短的时间内大量集中加工制作，尤其是分餐制宴会，会造成冷菜加工后存放时间较长。

②冷菜加工厨师未将冷菜及时冷藏，使冷菜在危险温度带存放时间过长。

③无冷菜专用冰箱或其容量与供应量不匹配及冷菜存放于放置烹饪原料或半成品的冰箱内。

7）安全存放冷菜的措施

餐饮冷厨房安全存放冷菜的措施有以下几个方面：

①待改刀或凉拌的冷菜已经是直接入口的食品，存放中应控制温度和时间。

②改刀或凉拌后的冷菜，因在加工操作中已受到一定的污染，加工距食用的时间越短越好，每次从冰箱内取出改刀或凉拌的数量应尽可能少。

③改刀后如需短时间存放，应放入熟食专用冰箱内保存，并尽量当餐食用。

④配备足够数量的冷菜专用冰箱，冰箱内不得存放烹饪原料、半成品，并应定期清洁消毒，建议每2～3天消毒1次。

9.3.2 冷厨房生食加工安全要求

1）生食加工安全的重要性

生食食品是指不经过加热处理即供食用的生长于海洋的鱼类、贝壳类、头足类、腌制水产品等水产品及蔬果类、肉制品等食品（如图9.22生食金枪鱼）。

图9.22　生食金枪鱼

生食食品由于不经过热加工，食品安全风险较一般冷菜大。所以，加强餐饮冷厨房生食加工安全，对于降低食物中毒的发生几率有着十分重要的影响。

2）生食海产品加工食品安全法定要求

我国《餐饮服务食品安全操作规范》第二十条生食海产品加工要求规定：

①用于加工的生食海产品应符合相关食品安全要求。

②加工前应认真检查待加工食品，发现有腐败变质或者其他感官性状异常的，不得进行加工。

③从事生食海产品加工的人员操作前应清洗、消毒手部，操作时佩戴口罩。

④用于生食海产品加工的工具、容器应专用。用前应消毒，用后应洗净并在专用保洁设施内存放。

⑤加工操作时，应避免生食海产品的可食部分受到污染。

⑥加工后的生食海产品应当放置在密闭容器内冷藏保存，或者放置在食用冰中保存并用保鲜膜分隔。

⑦放置在食用冰中保存时，加工后至食用的间隔时间不得超过1小时。

3）生食加工食品安全要求

（1）选择适合的生食品种

餐饮冷厨房选择适合的生食品种方法是：

①生食蔬果应选择专门种植的生食专用品种，或者烹饪原料加工企业已经清洗消毒的蔬果品种。

②生食水产品应选择深海水产品品种，淡水水产品中含有寄生虫的可能性较大，不应生食（如图9.23生食加工前检查）。

（2）生食蔬果的清洗消毒

蔬菜水果可能带有致病微生物，必须严格清洗消毒后才能生食。餐饮冷厨房生食蔬果的清洗消毒要求有以下几个方面：

图9.23　生食加工前检查

①应事先对加工用的蔬果原料进行严格的清洗消毒后再进入专间或专用加工场所加工操作，包括去皮和不去皮品的蔬果品种。

②蔬果色拉极易发生变质，应当餐加工当餐食用。

（3）生食水产品防止污染和变质的方法

生食水产品在加工过程中可能受到的污染除从业厨师、环境和工用具外，海产品如整条鱼、象鼻蚌等本身表面常带有致病微生物，如副溶血弧菌等，且不经过加热，不可避免地含有一定量的细菌，极易发生变质。餐饮冷厨房生食水产品防止污染和变质的方法是：

①加工生食水产品时，必须先用食用酒精对水产品表面进行消毒，再在专用操作场所进行分切，以避免水产品内部的可食部分受到污染。

②加工后的生食水产品应当用保鲜膜分割包装并放置于冰中保存。

③从加工后至食用的间隔时间不得超过1小时（如图9.24生食水产品食品安全加工操作步骤）。

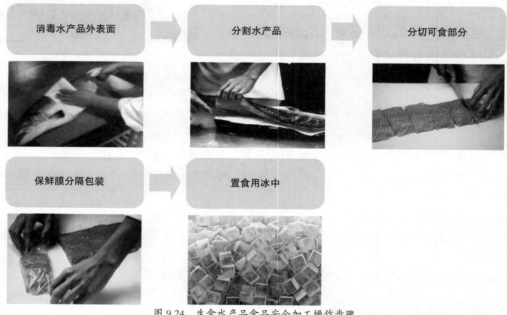

图9.24　生食水产品食品安全加工操作步骤

（4）部分省市禁止经营的生食品种

部分省市对生食水产品经营品种有一定的限制，如《上海市生食水产品卫生管理办法》规定：

①全年禁止包括毛蚶、泥蚶、魁蚶等蚶类及炝虾生产经营。

②每年5月1日—10月31日禁止醉蟹、醉虾、醉螃蟹、咸蟹、醉泥螺（取得《上海市特种食品卫生许可证》的醉泥螺除外）生产经营。

9.3.3　饮料现榨、水果拼盘制作的安全要求

1）饮料现榨、水果拼盘加工安全的重要性

现榨饮料是指以新鲜水果、蔬菜及谷类、豆类等五谷杂粮为原料，通过压榨等方法现场制作的供消费者直接饮用的非定型包装果蔬汁、五谷杂粮等饮品，不包括采用浓浆、浓缩汁、

果蔬粉调配而成的饮料（如图 9.25 黄瓜汁）。

2）饮料现榨、水果拼盘加工食品安全要求

餐饮冷厨房饮料现榨、水果拼盘加工食品安全要求有以下几个方面：

①从事饮料现榨和水果拼盘制作的从业人员操作前应清洗、消毒手部，操作时佩戴口罩。

②用于饮料现榨及水果拼盘制作的设备、工具、容器应专用。每餐次使用前应消毒，使用后应洗净并在专用保洁设施内存放。

③用于饮料现榨及水果拼盘制作的蔬菜、水果应新鲜，未经清洗处理干净的不得使用。

④用于现榨饮料、食用冰等食品的水，应为通过符合相关规定的净水设备处理后或煮沸冷却后的饮用水。

图 9.25 黄瓜汁

⑤制作现榨饮料不得掺杂、掺假及使用非食用物质。

⑥制作的现榨饮料和水果拼盘当餐不能用完的，应妥善处理，不得重复利用。

⑦制作的现榨果蔬汁和水果沙拉应贮存在 10 ℃以下的温度条件下。

任务 4　点心厨房面点与裱花加工

🧁 任务要求

1. 熟悉面点加工食品安全要求。
2. 掌握裱花加工食品安全规范。

🧁 情境导入

2011 年 4 月，有媒体曝光在上海多家超市销售的上海某食品有限公司分公司生产的小麦馒头、玉米面馒头是将白面染色制成，制作过程中以甜蜜素代替白糖，加入防腐剂防止发霉。馒头生产日期标注为进超市的日期，过期馒头被回收后重新销售。每天有 3 万余只问题馒头被销往联华、华联迪亚天天等 30 多家超市。FDA 执法人员于 4 月 11 日、12 日现场抽取了该公司生产的高庄馒头等成品和原料

共 19 个批次。经检测，其中 4 个批次的成品中检出柠檬黄，两个批次成品中的甜蜜素含量超标。13 日，上海市质量技术监督局依法吊销了上海盛禄食品有限公司分公司的食品生产许可证，相关责任人被依法调查。

知识准备

9.4.1 面点加工食品安全要求

餐饮点心厨房面点加工食品安全要求是：

①加工前应认真检查待加工食品，发现有腐败变质或者其他感官性状异常的，不得进行加工。

②需进行热加工的应烧熟煮透，其加工时食品中心温度应不低于70℃。

③未用完的点心馅料、半成品，应冷藏或冷冻，并在规定存放期限内使用。

④奶油类原料应冷藏存放。水分含量较高的含奶、蛋的点心应在高于60℃或低于10℃的条件下贮存（如图9.26 玫瑰馒头、如图9.27 虾饺）。

图9.26 玫瑰馒头　　　　　　　　　　　　　　　图9.27 虾饺

9.4.2 裱花加工食品安全规范

裱花蛋糕是指以粮、糖、油、蛋为主要原料，经焙烤加工而成的糕点坯，在其表面裱以奶油等制成的食品。餐饮点心厨房裱花加工食品的安全规范是：

①未用完的点心馅料、半成品点心，应在冷柜内存放，并在规定的存放期限内使用。

②奶油类、肉类、蛋类原料应低温存放。水分含量较高的点心应当在10℃以下或60℃以上的温度条件下贮存。

③蛋糕坯应在专用冰箱中贮存，贮存温度10℃以下。

④裱浆和经清洗消毒的新鲜水果应当天加工，当天使用。

⑤植脂奶油裱花蛋糕储藏温度为3±2℃，蛋白裱花蛋糕、奶油裱花蛋糕、人造奶油裱花蛋糕贮存温度不得超过20℃（如图9.28 鲜奶裱花蛋糕、如图9.29 蛋糕中心温度测定）。

图9.28 鲜奶裱花蛋糕　　　　　　　　　　　图9.29 蛋糕中心温度测定

任务5 餐饮厨房烹饪加工交叉污染避免措施

🧁 任务要求

1. 了解餐饮厨房场所引起的交叉污染避免措施。
2. 熟悉餐饮厨房盛器、工具引起的交叉污染避免措施。
3. 熟悉餐饮厨房水池引起的交叉污染避免措施。
4. 掌握餐饮厨房从业人员引起的交叉污染避免措施。
5. 掌握餐饮厨房存放不当引起的交叉污染避免措施。

🧁 情境导入

2005年5月某日，上海某饭店在开张的第一天所供应的冷菜就引起60余人出现恶心、呕吐、发热、腹痛、腹泻等食物中毒症状。FDA调查发现：

①该酒店冷菜厨房工用具和容器消毒措施未落实，且专间内温度约30℃，当天供应的冷菜从前一天晚上便开始加工制作，加工后放置于专间内。

②在剩余熟食、环节样品、中毒患者肛拭和呕吐物中均检出了副溶血弧菌。由此表明，这是一起消毒措施不力、冷菜加工不规范导致被副溶血弧菌污染的熟食所造成的食物中毒事件。

🧁 知识准备

9.5.1 厨房场所引起的交叉污染避免措施

餐饮厨房场所引起的交叉污染避免措施有以下几个方面：

①厨房初加工、切配、热加工、冷加工等工序均必须在各自的加工场所内进行，不得相互混用场所。

②冷菜必须在专间内进行操作，使冷菜减少接触烹饪原料、半成品的机会。

③每天对冷菜专间的空气至少进行一次消毒，每次消毒打开紫外灯至少30分钟。

④冷菜专间必须设置二次更衣室，配置消毒水。

9.5.2 厨房盛器、工具引起的交叉污染避免措施

1）餐饮热厨房

在一些加工量比较大的餐饮酒店厨房中，烹饪后的菜肴食品并不是直接装入顾客就餐的餐具中，而是先装入大的盛器中再进行分装，如果盛器或分装工具受到了污染，那么装在其中的菜肴食品也会受到污染。餐饮热厨房盛器、工具引起的交叉污染避免措施主要有以下几个方面：

①生、熟食品盛器能够明显加以区分。区分的方法可以是采用不同材质、不同样式，或

者在各类盛器标上不同的标记，如直接标上生、熟的字样。标记应显眼不易被洗刷掉，但无论采取哪种方法都要对热菜厨师进行反复的培训，使他们牢记区分的标志，在操作上严格做到生、熟食品盛器分开使用。

②配备足够数量的生、熟食品盛器。盛器的数量应考虑足够本厨房在大供应量如宴席时使用、周转和清洗。

③清洗生、熟食品盛器的水池必须完全分开。

④清洗后的生、熟食品盛器应分开放置，并在放置位置进行标识。

⑤如需擦拭盛装熟食品的盛器，应用经消毒的专用抹布。

2）餐饮冷厨房

餐饮冷菜的污染主要来自冷厨房改刀、凉拌等熟制后的加工环节，冷厨房盛器、工具引起的交叉污染避免措施主要有：

①冷菜专间内所使用的刀、砧板、抹布、操作台等均应为专用，不能在专间外使用。

②刀、砧板、抹布、操作台使用前及使用过程中每隔4小时必须消毒1次。

③装烹饪原料、半成品和成品的盛器必须有明显的标志区分，以免导致混用而交叉污染。

9.5.3 厨房水池引起的交叉污染避免措施

餐饮厨房水池引起的交叉污染避免措施有以下几个方面：

①基础厨房肉类、水产类、蔬果类等由于各自所携带的病原微生物有所不同，蔬菜、瓜果的致病菌通常是大肠杆菌，海产品中通常是副溶血弧菌，家禽、禽蛋则为沙门氏菌等，为避免餐饮厨房水池引起的交叉污染，肉类、水产类、蔬果类等烹饪食品原料应分池清洗，设置蔬果清洗池、肉类清洗池、水产品清洗池，有条件的餐饮酒店厨房应设置禽类清洗池。

②餐用具清洗消毒必须至少设置3个水池，即清洗池、过洗池和消毒池，并应清洁和消毒所有水池和与被清洗消毒餐用具接触的表面。

③冷厨房专间内应设置专用清洁消毒水池。

④生、熟食品盛器的清洗水池必须分开专用。

9.5.4 餐饮厨房人员引起的交叉污染避免措施

1）热厨房

餐饮热厨房避免加工人员引起的交叉污染措施主要有：

①热菜厨师直接接触菜肴成品，必须持有餐饮从业人员健康证才能上岗。

②烹饪后的熟食品应使用经消毒的工用具进行分装或整理，如用手直接进行操作，必须先清洗、消毒双手，并且最好戴上清洁的一次性塑料或橡胶手套。

③热菜厨师接触污染物如上厕所、接触生食品后必须清洗消毒双手后再操作。

2）冷厨房

餐饮冷厨房避免加工人员引起的交叉污染措施有以下几个方面：

①应固定人员进行冷菜专间内的冷菜加工，冷菜厨师不宜从事冷菜原料的粗加工、烹饪等工作。如不是专人加工制作，一方面有可能不掌握冷菜间较高的操作卫生要求，使冷菜在加工过程中受到污染；另一方面，如果是兼职加工制作冷菜，特别是从事粗加工后就进入专

间加工制作冷菜，通过手和工作服等污染冷菜的风险就很大。

②冷菜厨师应保证身体健康，手部无破损、化脓，因为冷菜一旦受到污染，不再有机会杀灭致病微生物，发生食物中毒的风险极高。

③冷菜厨师加工操作前要事先更换专用的清洁工作服，且工作服不能穿到冷菜专间外，工作服必须每天进行清洗消毒。

④冷菜厨师在操作前和操作过程中每隔 3 ~ 4 小时要清洗、消毒手部一次。

9.5.5　餐饮厨房存放不当引起的交叉污染避免措施

1）热厨房

餐饮热厨房存放不当引起的交叉污染避免措施主要有：

①烹饪后的熟食品与生食品必须分开放置。

②如果只能放置在同一操作台，应在操作台上划定生、熟食品放置区域，或者采用双层操作台，做到熟上生下放置（如图 9.30 食品熟上生下放置）。

2）冷厨房

餐饮冷厨房存放不当引起的交叉污染避免措施主要有：

①冷菜专间必须有专用的冰箱，专用冰箱不得存放生食品和半成品。

②大量加工冷菜用于暂时存放以备后期分装的大盘必须专用。

图 9.30　食品熟上生下放置

9.5.6　避免厨房食品制作中的交叉污染措施

避免餐饮厨房食品制作中的交叉污染措施有以下几个方面：

①热菜厨师尝味时，应将少量菜肴盛入碗中进行品尝，而不应直接品尝菜勺内的食品。

②加工制作过程应执行由生到熟、由不清洁到清洁的单一流向工艺。

③肉类、海鲜及蔬果等菜点食品烹饪应分别使用专用工用具，包括砧板、刀具、盆碟、抹布等及专用操作台加工。

[思考与练习]

一、单选题

1.餐饮菜点食品加工操作是指（　　　）。

　A.菜点食品从原料加工到烹饪完成的过程

　B.菜点食品从烹饪到供消费者食用的过程

　C.菜点食品从采购到供消费者食用的过程

2.采购菜点食品适应重点遵循的食物中毒预防原则是（　　　）。

　A.保持清洁

　B.使用安全的水和菜点食物原料

　C.以上都是

3. 以下哪种温度计不适合测量菜点食品的中心温度？（　　　）
   A. 双金属温度计　　　　　　　B. 热电偶温度计　　　　　　　C. 红外线温度计

4. 下列温度计和使用注意事项中，哪项不正确？（　　　）
   A. 温度计使用前，应用热水和清洁剂消毒
   B. 消毒温度计可用沸水或酒精
   C. 为准确测温，温度计的探针最好触及容器底部

5. 测量菜点食品中心温度的温度计的校准方法不包括下列哪项？（　　　）
   A. 冰点方法　　　　　　　　　B. 沸点方法　　　　　　　　　C. 热点方法

6. 测量较薄菜点食品的中心温度，最好使用（　　　）。
   A. 双金属温度计　　　　　　　B. 热电偶温度计　　　　　　　C. 红外线温度计

7. 红外线温度计适合测量以下哪些场合的温度？（　　　）
   A. 冷库、冰箱的贮存温度　　　B. 较薄食品的中心温度　　　　C. 金属表面的温度

8. 以下哪类温度计应作为菜点食品中心温度测量用温度计首选（　　　）。
   A. 水银温度计　　　　　　　　B. 酒精玻璃温度计　　　　　　C. 以上都不是

9. 菜点食品原料粗加工的主要目的是（　　　）。
   A. 去除原料中的污染物和不可食部分
   B. 防止食物中的营养成分流失
   C. 避免不同种类食品的交叉污染

10. 以下哪一组水产品烹饪原料死亡以后，不得加工食用？（　　　）
    A. 螃蟹、螃蜞、鳌虾　　　　　B. 黄鳝、甲鱼、乌龟　　　　　C. 贝壳类、河虾、海虾

11. 以下哪项不是烹饪原料的安全解冻方法？（　　　）
    A. 在室温下自然解冻　　　　　B. 在流动水中解冻　　　　　　C. 在冷藏条件下解冻

12. 每次从冷库内取出原料进行烹饪加工，为确保菜点食品安全，主要应控制（　　　）。
    A. 数量　　　　　　　　　　　B. 湿度　　　　　　　　　　　C. 品种

13. 不要反复对烹饪原材料进行解冻、冷冻的原因是（　　　）。
    A. 防止造成微生物大量繁殖
    B. 防止造成营养成分流失，影响菜点食品品质
    C. 以上都是

14. 需要上浆码味、腌制后放置一定时间再烹饪的原料，最适宜的贮存条件是（　　　）。
    A. 常温　　　　　　　　　　　B. 5 ℃以下冷藏　　　　　　　C. -5 ℃以下冷冻

15. 为避免菜点食品原料清洗时的交叉污染，以下哪种说法不正确？（　　　）
    A. 动物性、植物性菜点食品原料应分池清洗
    B. 水产品宜在专用水池清洗
    C. 除蔬菜外的其他原料均不得与餐具在同一水池清洗

16. 原料烹饪加工中的交叉污染，主要包括（　　　）。
    A. 原料、半成品对成品的交叉污染
    B. 不同种类菜点食品原料的交叉污染
    C. 以上都是

17. 烹饪原料粗加工中避免交叉污染的措施包括（　　　）。

A.动物性食品、植物性食品分池清洗，水产品在专用水池清洗

B.肉、禽、水产、蔬果等所用的刀、墩、案、盆、池等分开使用

C.以上都是

18.下列与鸡蛋有关的加工操作中，正确的是（   ）。

A.应打入洁净的盛放蛋液的容器中

B.进货后及时清洗、贮存

C.使用前应对外壳进行清洗，必要时消毒处理

19.下列哪种水产品在烹饪加工中如不注意冷藏，可产生组胺（   ）。

A.青鱼   B.青占鱼   C.青口贝

20.我国《餐饮服务食品安全操作规范》规定，烹饪菜点食品应使其中心温度达到（   ）。

A.60 ℃以上   B.70 ℃以上   C.90 ℃以上

21.根据《餐饮服务食品安全操作规范》规定，在 10 ~ 60 ℃温度条件下放置 2 小时以上的熟制具有潜在危害的食品应（   ）。

A.允许供应

B.允许再加热后供应

C.确认未变质的前提下允许再加热供应

22.我国《餐饮服务食品安全操作规范》规定，烹饪后的菜点成品应当与菜点食品（   ）分开存放。

A.原料   B.半成品   C.以上都是

23.菜点食品烹饪加工中，测量其中心温度时应选择（   ）的菜点食品。

A.面积最大

B.体积最大

C.面积和体积都中等

24.以下哪项是餐饮厨房避免烹饪加工中交叉污染的主要措施？（   ）

A.生熟菜点食品容器以明显标记区分

B.厨师操作前严格进行手的消毒

C.以上都是

25.为避免烹饪加工中菜点食品受到污染，以下做法正确的是（   ）。

A.生食品放置在操作台上，熟食品放置在操作台上方的搁架上

B.熟食品放置在操作台上，生食品放置在操作台上方的搁架上

C.生食品和熟食品可以放置在操作台上，但必须用保鲜膜包裹好

26.烹饪加工中，以下最应该进行严格消毒的环节是（   ）。

A.热灶厨师的手   B.备餐间（打菜间）的菜盘   C.烹饪间的操作台

27.菜点食品再加热时,能够加快食品温度升高的速度而不影响食品品质的措施是（   ）。

A.提高加热温度   B.短时间多次再加热   C.搅拌食品

28.关于菜点食品再加热，以下哪种说法不正确？（   ）。

A.再加热时中心温度应高于 70 ℃

B.冷冻熟食品应彻底解冻后再加热

C.菜点食品再加热不要超过两次

29. 烹饪加工中，以下哪种方法不适宜用做确认食品烧熟煮透的方法？（　　　）

A. 测量食品中心温度

B. 切开大块肉观察中心部分

C. 品尝加工后的食品

30. 餐饮厨房中，以下哪类菜点食品中可能含有较多的丙烯酰胺？（　　　）

A. 烧烤的肉类食品

B. 熏制的水产类食品

C. 油炸的富含碳水化合物的菜点食品

31. 餐饮厨房烹饪加工中，以下哪种说法是不正确的？（　　　）

A. 烧烤时使用气炉或电炉，可以比炭炉减少多环芳烃的产生

B. 生豆浆煮至泡沫上浮撇去泡沫即可去除豆浆中的胰蛋白酶抑制物等引起食物中毒的物质

C. 烹饪时先将四季豆放入开水中烫煮 10 分钟以上再炒，可避免四季豆引起的食物中毒

32. 菜点食品烹饪加工中，以下关于杀灭致病微生物的菜点食品中心温度和时间的提法，最保险的是（　　　）。

A.75 ℃，15 秒以上　　　　B.65 ℃，15 秒以上　　　　C.60 ℃，15 秒以上

33. 根据我国《餐饮服务食品安全操作规范》规定，温度高于（　　　）或低于（　　　），放置时间大于（　　　）条件下的熟食品，需再次利用的应充分加热。

A.10 ℃，60 ℃，2 小时　　B.15 ℃，60 ℃，3 小时　　C.15 ℃，70 ℃，4 小时

34. 我国《餐饮服务食品安全操作规范》规定，菜点食品再加热中心温度至少应高于（　　　）。

A.50 ℃　　　　　　　　　B.60 ℃　　　　　　　　　C.70 ℃

35. 根据《餐饮服务食品安全操作规范》的规定，回收后的菜点食品（　　　）经烹饪加工后再次供应。

A. 在确认未腐败变质的情况下可以

B. 不得

C. 除菜肴的装饰围边外，均不得

36. 冷冻熟食品彻底解冻后（　　　）食用。

A. 即可　　　　　　　　B. 经充分加热方可　　　　C. 经适度加热方可

37. 餐饮厨房烹饪加工中，以下哪种方法可以有效预防四季豆食物中毒？（　　　）

A. 热水中烫 10 分钟以上再炒

B. 水中浸泡 10 分钟以上再炒

C. 开水中烫煮 10 分钟以上再炒

38. 预防豆浆食物中毒的正确做法是（　　　）。

A. 烧煮时将上涌的泡沫除净，煮沸后再以文火维持沸腾 5 分钟

B. 将豆浆烧煮至泡沫上浮，撇去泡沫后以文火继续煮 5 分钟

C. 将生豆浆用开水进行稀释处理

39. 餐饮厨房烹饪加工中，以下哪种操作可能造成未烧熟煮透？（　　）
　　A.一批加工量太大　　　　　B.烹饪前未彻底解冻　　　　C.以上都是

40. 我国《餐饮服务食品安全操作规范》规定，菜点食品必须在专间内操作的是（　　）。
　　A.凉菜配制　　　　　　　　B.加工糕点　　　　　　　　C.制作现榨果汁

41. 根据《餐饮服务食品安全操作规范》规定，各类餐饮厨房专间使用前对空气和操作台进行消毒的频率应当为（　　）。
　　A.每天1次　　　　　　　　B.半天1次　　　　　　　　C.每餐1次

42. 我国《餐饮服务食品安全操作规范》规定，凉菜专间使用紫外线消毒的，应在无人时开启（　　）以上。
　　A.15分钟　　　　　　　　　B.30分钟　　　　　　　　C.1小时

43. 烹饪加工中，下列哪些物品不得进入凉菜专间？（　　）
　　A.待清洗消毒的水果　　　　B.热厨房的工具　　　　　　C.以上都是

44. 根据我国《餐饮服务食品安全操作规范》规定，以下哪种做法是正确的？（　　）
　　A.专间操作时必须先清洗、消毒双手
　　B.专间在操作时开启紫外线灯进行空气消毒
　　C.水果加工前在专间内进行严格的清洗消毒

45. 我国《餐饮服务食品安全操作规范》规定，盛装凉菜的容器或盘碟，使用前应（　　）。
　　A.消毒　　　　　　　　　　B.灭菌　　　　　　　　　　C.洗净并保持清洁

46. 根据《餐饮服务食品安全操作规范》规定，制作好的凉菜应尽量当餐用完，对剩余尚需使用的凉菜应（　　）。
　　A.放置于专间操作台，使用前进行再加热
　　B.存放于专用冰箱内，下一餐供应使用
　　C.存放于专用冰箱内冷藏，使用前进行再加热

47. 根据《餐饮服务食品安全操作规范》规定，生食海产品加工（　　）。
　　A.应使用水产品专用工具和容器
　　B.应使用生食海产品专用工具和容器
　　C.没有要求

48. 我国《餐饮服务食品安全操作规范》对于现榨果蔬汁及水果拼盘的要求是（　　）。
　　A.当餐用完
　　B.存放于专用冰箱内，下一餐供应使用
　　C.当天用完

49. 根据《餐饮服务食品安全操作规范》规定，对从事现榨果蔬汁和水果拼盘的人员应做到的要求，以下最正确的是（　　）。
　　A.操作前应更衣、洗手并进行手部消毒，操作时佩戴口罩
　　B.操作前应洗手并消毒，操作时佩戴口罩
　　C.操作前应更衣、洗手消毒

50. 用做拼盘和鲜榨蔬果汁的蔬菜和水果，再送入专间前应（　　）。
　　A.清洗　　　　　　　　　　B.消毒　　　　　　　　　　C.以上都是

51. 根据《餐饮服务食品安全操作规范》规定，蛋糕坯应在专用冰箱内贮存，贮存的温

度至少应在（　　　）以下。

　　A.0 ℃　　　　　　　　　　B.5 ℃　　　　　　　　　　C.10 ℃

　　52. 我国《餐饮服务食品安全操作规范》规定，蛋白裱花蛋糕、奶油裱花蛋糕、人造奶油裱花蛋糕贮存温度不得超过（　　　）。

　　A.0 ℃　　　　　　　　　　B.10 ℃　　　　　　　　　C.20 ℃

　　53. 根据《餐饮服务食品安全操作规范》规定，植脂裱花蛋糕应当在（　　　）贮存。

　　A.3 ℃左右　　　　　　　　B.10 ℃左右　　　　　　　C.20 ℃左右

　　54. 我国《餐饮服务食品安全操作规范》规定，加工裱花蛋糕用的裱浆和经过清洗消毒的新鲜水果应（　　　）。

　　A. 在加工当天使用完毕　　B. 在 2 天内使用完毕　　C. 在 3 天内使用完毕

　　55. 根据《餐饮服务食品安全操作规范》规定，生食海产品加工至食用的间隔时间不得超过（　　　）。

　　A.1 小时　　　　　　　　　B.2 小时　　　　　　　　C.4 小时

　　56. 餐饮厨房冷菜中致病微生物的污染主要来自（　　　）。

　　A. 食品原料本身含有　　B. 熟制烹饪时未烧熟煮透　　C. 熟制后的改刀、凉拌加工过程

　　57. 以下水产品中不适合作为生食的是（　　　）。

　　A. 三文鱼　　　　　　　　　B. 龙虾　　　　　　　　　C. 鲈鱼

二、是非题

1. 餐饮厨房所有生食品都应在粗加工场地去除污染物和不可食部分。　　　　　　（　　　）

2. 基础厨房叶菜粗加工清洗时不能将每片菜叶都摘下，这样会造成营养成分的流失。

（　　　）

3. 冷冻烹饪原料在室温下化冻应尽量缩短时间。　　　　　　　　　　　　　　（　　　）

4. 餐饮厨房烹饪原料加工时，应每次从冷库中取出短时间加工的原料。　　　　（　　　）

5. 餐饮厨房烹饪加工时，对体积较大的食品用微波解冻方法，效果最好。　　　（　　　）

6. 采用流动水解冻的，水温越高，解冻时间就越短，越能保证食品安全。　　　（　　　）

7. 根据我国《餐饮服务食品安全操作规范》规定，食品添加剂应专人采购，专人保管，专人领用，专人登记，专柜保存。　　　　　　　　　　　　　　　　　　（　　　）

8. 食品添加剂使用中的法定要求就是使用量不超过《食品添加剂使用卫生标准》的规定限量。　　　　　　　　　　　　　　　　　　　　　　　　　　　　　　　（　　　）

9. 在符合《食品添加剂使用卫生标准》的前提下，菜点食品中可加入着色剂，如蛋黄面中加入黄色素。　　　　　　　　　　　　　　　　　　　　　　　　　　　　（　　　）

10. 烹饪菜点食品原料的最佳解冻方法是在室温下进行。　　　　　　　　　　（　　　）

11. 根据我国《餐饮服务食品安全操作规范》规定，已死亡的螃蟹、蟛蜞、鳌虾、黄鳝、甲鱼、乌龟、贝壳类均属禁止生产经营的水产品。　　　　　　　　　　　　　（　　　）

12. 餐饮厨房烹饪加工中，禽蛋在使用前应对其外壳进行清洗，必要时进行消毒处理。

（　　　）

13. 餐饮菜点食品中禁止加入药物，中药材除外。　　　　　　　　　　　　　（　　　）

14. 根据我国《餐饮服务食品安全操作规范》规定，在温度低于 60℃、高于 10℃条件下

放置 2 小时以上的熟食品，需再次利用的应充分加热。（　　　）

15. 热厨房烹饪加工尝味时，应将少量菜肴盛入碗中进行品尝，而不应直接品尝菜勺内的食品。（　　　）

16. 冷厨房加工中，冷冻熟食品应彻底解冻后方可使用。（　　　）

17. 菜点食品再加热不要超过两次，仍未食用完的应丢弃。（　　　）

18. 熟食品再加热时的温度可以比烹饪温度略低 5 ~ 10℃。（　　　）

19. 烧烤时，使肉与热源保持距离，以免肉类直接接触火焰，产生过多致癌物质多环芳烃。（　　　）

20. 肉类烧烤时应避免油脂滴在热源上。（　　　）

21. 控制碳水化合物菜点食品油炸、烧烤和烘焙的时间和温度，有助于减少丙烯酰胺的产生。（　　　）

22. 烹饪后的熟食品一般应用消毒后的工用具进行分装或整理，如必须用手直接进行操作，应先进行清洗、消毒，并且最好戴上清洁的一次性塑料或橡胶手套。（　　　）

23. 从食品安全角度看，烹饪中高温的唯一作用是杀灭菜点食品中的致病微生物。（　　　）

24. 烹饪加工中可能发生的食品安全问题就是未烧熟煮透。（　　　）

25. 餐饮厨房烹饪加工中的交叉污染都是由于熟食品与生食品接触所导致的。（　　　）

26. 根据我国《餐饮服务食品安全操作规范》规定，菜点食品再加热的温度应不低于65 ℃。（　　　）

27. 从粗加工、烹饪到改刀的整个冷菜烹饪加工过程中，固定专人操作是最为安全的加工制作方式。（　　　）

28. 冷厨房加工冷菜使用的蔬菜、水果等生食原料，使用前一定要在专间内清洗消毒。（　　　）

29. 点心厨房制作裱花蛋糕的裱浆和水果，必须尽量当天用完，如有剩余的，应存放在专用冰箱内。（　　　）

30. 根据我国《餐饮服务食品安全操作规范》规定，用于菜肴装饰的围边等，如需反复使用，用后应清洗，用前应消毒。（　　　）

31. 冷菜间用紫外线消毒的，应在无人工作时开启 15 分钟以上。（　　　）

32. 经过改刀，凉拌的熟食可以在 10 ~ 60℃的温度条件下放置 4 小时。（　　　）

33. 每次从冰箱内取出进行改刀或凉拌的凉菜数量应尽可能少。（　　　）

34. 改刀后如需短时间存放的冷菜，应放入熟食专用冰箱内保存，并应尽量当餐食用。（　　　）

项目 10
餐饮酒店食品备餐和配送

　　餐饮菜点食品在没有被食用之前都必须保证其安全，而备餐和配送正是保证食品安全的最后一道环节。餐饮业的备餐即膳食供应方式有两种：一种是顾客点了以后再进行烹饪加工制作，通常大部分餐饮酒店、小吃店均是按这种方式备餐；另一种是将菜点食品事先加工好，顾客来了之后可立即提供，这种供餐方式包括快餐店、食堂和自助餐。盒饭、桶饭、膳食外卖虽还需经过配送，大致也可以属于后一种供餐方式。相对而言，后一种供餐方式由于菜点食品制作完成到食用会有一段存放的时间，食品安全风险较前一种来得大。但不管哪种供餐方式，都应采取措施保证食品安全。

学习目标

一、知识目标

✧ 了解餐饮厨房备餐和配送的安全风险。

✧ 熟悉餐饮酒店盒饭和桶饭配送许可证项目要求的法律规定。

✧ 掌握餐饮酒店备餐和配送操作人员的个人卫生要求。

✧ 熟悉餐饮酒店膳食外卖加工场所的安全卫生要求。

✧ 熟悉中央厨房食品包装及配送要求。

二、技能目标

✧ 掌握餐饮酒店膳食配送的安全措施与技术。

✧ 会餐饮厨房备餐和配送温度和时间的控制技术。

✧ 会餐饮厨房备餐和配送中防止食品遭受污染的措施与技术。

三、情感目标

✧ 通过餐饮酒店食品备餐和配送学习，进一步培养食品安全的责任意识，提高食品安全的法律意识。

任务 1　餐饮酒店食品备餐和配送

任务要求

  1. 熟悉餐饮酒店膳食配送食品安全要求的重要性。

  2. 掌握餐饮酒店膳食配送食品安全措施与技术。

  3. 掌握餐饮厨房盒饭加工工艺食品安全要求。

  4. 了解餐饮厨房备餐温度和时间控制的重要性。

  5. 会餐饮厨房备餐和配送温度和时间的控制技术。

  6. 了解餐饮酒店备餐和配送中防止菜点食品遭受污染措施的重要性。

  7. 会餐饮酒店备餐和配送中防止菜点食品遭受污染的措施与技术。

  8. 熟悉餐饮酒店备餐和配送操作人员个人卫生要求的重要性。

  9. 掌握餐饮酒店备餐和配送操作人员个人卫生要求。

情境导入

  2014 年 8 月，江苏某市某公司有 14 名职工午餐后出现腹痛、腹泻等食物中毒症状。经 FDA 调查该公司职工午餐是由本市某快餐服务社提供的外送盒饭，该快餐服务社因收到停电通知，从前一天凌晨 3 时即开始加工烧制盒饭，一边加工一边分装，并于次日凌晨 5 时结束，分装完成后的盒饭放在常温条件下的备餐间操作台上，上午 11 时将盒饭送至用餐单位。检验结果显示，在剩余食品中检出大量蜡样芽孢杆菌，确定这是一起蜡样芽孢杆菌引起的食物中毒。

知识准备

10.1.1　餐饮酒店膳食配送安全要求

1）法规要求

我国《餐饮服务食品安全操作规范》第三十三条集体用餐食品分装及配送要求规定：

  ①盛装、分送集体用餐的容器不得直接放置于地面，容器表面应标明加工单位、生产日期及时间、保质期，必要时标注保存条件和食用方法。

  ②集体用餐配送的食品不得在 10～60 ℃的温度条件下贮存和运输，从烧熟至食用的间隔时间（保质期）应符合：烧熟后 2 小时的食品中心温度保持在 60 ℃以上（热藏）的，其保质期为烧熟后 4 小时。烧熟后 2 小时的食品中心温度保持在 10 ℃以下（冷藏）的，保质期为烧熟后 24 小时。供餐前应按本规范第三十条第三项要求再加热。

  ③运输集体用餐的车辆应配备符合条件的冷藏或加热保温设备或装置，使运输过程中食品的中心温度保持在 10 ℃以下或 60 ℃以上。

  ④运输车辆应保持清洁，每次运输食品前应进行清洗消毒，在运输装卸过程中也应注意

保持清洁，运输后进行清洗，防止食品在运输过程中受到污染。

2）膳食配送安全要求的重要性

图 10.1　膳食配送食品安全如何保障

餐饮厨房膳食配送的食品安全工作直接关系着广大民众的身心健康及社会的和谐与稳定，历来受到各级政府的高度重视和社会各界的广泛关注。膳食配送环节多、配送食品安全要求高、工作量大，稍有不慎，就会酿成食品安全事故。为防患于未然，餐饮膳食配送必须按照《中华人民共和国食品安全法》及其实施条例要求，明确责任，科学管理，密切配合，加强自律与强化管理，采取有效的措施，提高膳食配送食品安全保障水平（如图 10.1 膳食配送食品安全如何保障）。

3）膳食配送安全措施与技术

餐饮厨房盒饭、桶饭、外卖等方式所供应的膳食，都需要以各种方式配送至用餐场所，配送过程实际上是备餐的延伸，也应符合相关的食品安全要求，餐饮厨房膳食配送安全措施与技术有以下几个方面：

①配送中应配备冷藏车、保温车、保温箱等，以避免菜点食品处于危险温度带下，路途极短的除外。

②存放膳食的设备和车厢的内部结构应易于清洗消毒。每次使用后均必须进行清洗和消毒。

③存放菜点食品的容器在设备内应能够进行固定以避免菜点食品中的汤汁泼洒到容器外。

④运到就餐地点后，应及时测定，检查食品中心温度，对于不能使温度控制在规定范围内的，应对食品作出相应地处理，如废弃。

10.1.2　备餐和配送温度和时间的控制

1）法规要求

餐饮备餐场所是指菜点成品的整理、分装、分发、暂时放置的专用场所。我国《餐饮服务食品安全操作规范》备餐及供餐要求规定：

①在备餐专间内操作应符合本规范第二十四条第一项至第四项要求。

②供应前认真检查待供应食品，发现有腐败变质或者其他感官性状异常的，不得供应。

③操作时，应避免食品受到污染。

④分装菜肴、整理造型的用具使用前应进行消毒。

⑤用于菜肴装饰的原料使用前应清洗消毒，不得反复使用。

⑥在烹饪后至食用前需要较长时间（超过 2 小时）存放的食品应当在高于 60 ℃或低于 10 ℃的条件下存放。

2）温度和时间的控制的重要性

餐饮备餐和配送过程中，缺乏控制备餐和配送食品时间和温度的措施，会有潜在食物中毒的可能性。备餐食物中难免会存在有害细菌，配送过程需要一定的时间，控制备餐和配送食品温度和时间就是减慢细菌等微生物的繁殖速度。某些病原体在温度适宜条件下生长旺盛，如副溶血性弧菌等。4~64 ℃是病原微生物易于繁殖的温度，所以备餐和配送食品温度要控制在低于4 ℃或高于64 ℃，从而使备餐食物减少食品安全风险，还可以较长时间地保持鲜美。

3）温度和时间的控制技术

（1）热藏备餐

餐饮厨房热藏备餐温度和时间的控制技术主要有以下几个方面：

①具有潜在危害的菜点食品以热藏方式备餐的，必须在60 ℃以上保存。

②使用热藏设备，如水浴备餐台、加热柜、电磁炉等，需保持食品温度在60 ℃以上。

③备餐期间要间断搅拌食品使热量均匀分布。

④热藏设备不能用来再加热食物。

（2）冷藏备餐

餐饮厨房冷藏备餐温度和时间的控制技术主要有：

①具有潜在危害的菜点食品以冷藏方式备餐的，必须在10 ℃，最好是5 ℃以下保存。

②使用冷藏设备保持菜点食品温度在10 ℃，最好是5 ℃以下。

③如用冰块冷藏，不要将食物直接放置在冰上，而应装在盛器中再放置在冰上。

（3）常温备餐

餐饮厨房直接入口的具有潜在危害的菜点食品如在常温条件下备餐，温度和时间的控制应符合以下几个方面要求：

①菜点食品制作完成后，必须在2小时内食用。

②在备餐的容器上标识加工时间，以便对超过2小时的食品进行处理、废弃或再加热。

③菜点食品的放置区域应按食品安全的要求分别设置，使用的餐具也应有所区分，避免交叉污染。

④留意顾客是否有不卫生的行为，如尝味后再放回，在菜点食品前打喷嚏等。

（4）温度和时间控制中其他注意事项

餐饮厨房备餐和配送中，温度和时间控制中其他需要特别注意的有以下几个方面：

①根据需要量准备菜点食物，减少因菜点食品存放时间过长而带来的食品安全风险。

②采用冷藏和热藏方式备餐的，每2小时或1~2小时测量1次菜点食品的中心温度，温度低于60 ℃或高于10 ℃，最好是5 ℃的食品应予废弃，如需要再利用，应在确认未变质后充分加热。

③向容器中添加菜点食物时，应尽量等前批食物基本用完后再添加新的一批，不应将不同时间烹饪加工的菜点食物混合。前批剩余的少量菜点食物应覆盖在新的菜点食物的表层，尽量做到菜点食品先制作先食用。

④使用温度计测量菜点食品中心温度时应注意：备餐设备如有温度显示装置，显示的是设备的温度，而非菜点食品的温度。

10.1.3　餐饮备餐和配送中防止食品遭受污染的措施

1）防止菜点食品遭受污染措施的重要性

餐饮菜点食品备餐加工量大，烹饪加工工序复杂，加工配送过程涉及人员多，食品安全配送要求高，配送路程长，配送需要一定的时间，所以，在餐饮菜点食品备餐和配送的方面

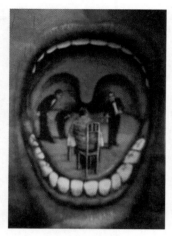

图 10.2　我们嘴巴的安全

一旦有所疏忽，如：

①员工未养成良好的工作习惯，没有遵守良好的操作规范，如不洗手、打喷嚏时未避开备餐和配送菜点食品。

②工作时未戴干净的工作帽，头发掉落。

③备餐菜点食品配送时未盖密封、恒温，导致冷凝水滴落。

④备餐场所有虫害、备餐和配送工用具清洗消毒不严格。

这些因素均会造成菜点食品备餐和配送的污染，极易导致食物中毒的形成。所以，采取防止备餐和配送中菜点食品遭受污染的措施，对有效降低餐饮菜点食品备餐和配送过程中的食品安全风险有积极的意义（如图 10.2 我们嘴巴的安全）。

2）防止食品遭受污染措施的技术

餐饮菜点食品备餐和配送中，防止食品受到污染措施的技术主要有以下几个方面：

①在备餐的菜点食品上加盖，避免食品受到污染。

②所有备餐用的容器、工用具应消毒，包括菜肴菜点分派、造型整理的用具。备餐过程较长的，每 4 小时应清洗、消毒 1 次以上容器、工用具。

③使用长柄勺时，应避免勺柄接触菜点食品，以免导致污染。

④任何已经供应过的菜点食品或原料，除了消费者未打开的密封包装食品，都不应回收后再次供应，包括菜肴装饰，如菜肴的围边以及制作菜肴的辅料，如火锅汤底、沸腾鱼片的汤料和辣子鸡块的辣椒等。

10.1.4　餐饮酒店备餐和配送操作人员卫生规范

1）备餐和配送操作人员卫生规范的重要性

餐饮菜点食品备餐和配送中，有相当一部分食物中毒是由于餐饮厨房从业者携带病原微生物，进而污染食品所引起的。我国目前餐饮备餐和配送从业人员由于诸多方面的原因导致其食品安全法律意识淡薄，流动性大，卫生习惯不良，餐饮企业培训不够，考核不严或部分员工未持健康证上岗等，从而使备餐菜点食品及配送过程的食品安全风险加大。所以，认真履行餐饮菜点食品备餐和配送操作人员卫生规范，对于减少备餐和配送食物中毒意义重大。

2）操作人员卫生规范

餐饮菜点食品备餐和配送操作人员个人卫生规范主要有：

①备餐人员上岗前手部应清洗、消毒，备餐专间内的人员应按照我国《餐饮服务食品安全操作规范》，从业人员、卫生中专间人员的要求进行手部清洁与消毒。

②进行菜肴分派、造型整理的人员，操作时必须戴上清洁的一次性手套。

③所有餐用具及可能接触食品的区域（内面）都不要被手污染，不要将餐用具堆叠。

🧁学生活动　讨论备餐和配送温度和时间控制的重要性

从任务 1 情境导入案例的食物中毒原因出发，讨论餐饮菜点食品备餐、配送温度和时间控制的重要性。

任务 1 情境导入案例中，盒饭生产企业违反操作规程，未按我国《餐饮服务食品安全操作规范》要求操作，提早盒饭加工时间，使盒饭长时间放置在常温条件下，导致蜡样芽孢杆菌大量繁殖是导致食物中毒的主要原因。

任务 2　餐饮盒饭和桶饭

任务要求

1. 掌握餐饮盒饭和桶饭加工工艺食品安全规范。
2. 熟悉餐饮盒饭和桶饭配送其他食品安全规定。
3. 熟悉我国餐饮盒饭和桶饭经营许可证项目要求的法律规定。
4. 了解餐饮膳食外卖食品安全要求的重要性。
5. 熟悉餐饮膳食外卖加工场所的食品安全卫生要求。
6. 掌握餐饮膳食外卖食品的安全要求与技术。

情境导入

2005 年 6 月某日，上海市某时装公司食堂就餐的职工晚餐后陆续有 27 名出现腹泻、腹痛等食物中毒症状，在送检的食堂饭菜及病人的肛拭样本中均检出副溶血弧菌，确定这是一起副溶血弧菌食品中毒。FDA 调查发现：该食堂当日供应的晚餐为当日中午剩余食品，中午供应结束后存放于备餐间近 6 小时，当日气温高达 30 ℃，仅靠电风扇降温，使膳食在危险温度带下长时间存放，导致污染食品的副溶血弧菌大量繁殖。晚饭供应前也未重新回锅加热，从而导致该食物中毒的发生。

知识准备

10.2.1　餐饮盒饭和桶饭

1）餐饮盒饭及其分类

餐饮盒饭是指餐饮厨房通过集中加工、分装、分送的盒装主食和菜肴。它可以分为冷藏盒饭、加热保温盒饭、高温灭菌盒饭、学生盒饭和社会盒饭等种类（如图 10.3 餐饮盒饭）。

（1）冷藏盒饭

冷藏盒饭是指主食和菜肴烧煮后经充分冷却，在 2 小时内须使中心温度降至 10 ℃以下，并在中心温度 10 ℃以下条件分装、贮存、运输，食用前须加热至中心温度不低于 70 ℃的盒饭。

图 10.3　餐饮盒饭

（2）加热保温盒饭

加热保温盒饭是指主食和菜肴烧煮后加热保温，在食用前其中心温度始终保持在 60 ℃以上的盒饭。

（3）高温灭菌盒饭

高温灭菌盒饭是指主食和菜肴盛装于密闭容器中经高温灭菌，达到商业无菌要求，可在常温下保存的盒饭。

（4）学生盒饭

学生盒饭是指配送给中小学校供学生食用的盒饭。

（5）社会盒饭

社会盒饭是指供应除中小学校学生以外的人群食用的盒饭。

2）餐饮桶饭

餐饮桶饭是指餐饮厨房集中加工、分送到客户地后再进行分装的桶装主食和菜肴。

10.2.2 盒饭和桶饭加工操作流程

1）盒饭加工操作流程

2）桶饭加工操作流程

10.2.3 盒饭和桶饭加工许可证项目要求的法律规定

餐饮盒饭和桶饭由于加工后需经过配送、存放等环节才供食用，食品安全风险相当高，加之加工量大、影响面广，一旦发生食物中毒，涉及的人数往往较多。因此，盒饭和桶饭的生产加工，国家执行许可证项目制度。从事餐饮盒饭、桶饭加工的，应取得具有餐饮盒饭、桶饭加工项目（包括核定的加工工艺和数量）的餐饮服务许可证（或食品卫生许可证）方可经营生产销售。也就是说，许可证上没有盒饭、桶饭项目的普通餐饮企业，是不得向社会供应外送盒饭和桶饭的。

10.2.4 餐饮盒饭和桶饭配送的食品安全规范

1）标志

餐饮盒饭和桶饭配送标志的食品安全要求是：

①餐饮企业采用零售方式供应的盒饭标签应符合国家标准 GB 7718。

②供应学校、企事业单位等团体的盒饭，应在盛装盒饭的箱体表面标明品名、厂名、生产日期及时间、保质期限、保存条件和食用方法。

2）包装

餐饮盒饭和桶饭配送包装的食品安全要求是：

①主食和菜肴的盛装应当采用一次性或不锈钢等其他符合工艺要求材质制成的餐用具，餐用具的材料应符合相应的食品卫生标准和要求。

②非一次性餐用具在使用前应彻底清洗，并采用湿热消毒。

3）贮存

餐饮盒饭和桶饭配送贮存的食品安全要求是：

①餐饮冷藏盒饭应在 10 ℃以下的温度贮存，使盒饭的中心温度保持在 10 ℃以下。

②加热保温盒饭贮存应在具有加热或保温装置的设备或容器中，使盒饭的中心温度保持在 60 ℃以上。

4）运输

餐饮盒饭和桶饭配送运输的食品安全要求是：

①餐饮盒饭运输应当采用封闭式专用车辆。

②冷藏盒饭运输车辆应配置制冷装置，使盒饭中心温度保持在 10 ℃以下。

③加热保温盒饭运输车辆应使运输时盒饭的中心温度保持在 60 ℃以上。

④车辆运输前应进行清洗、消毒。在运输装卸过程中，应当注意操作卫生，防止盒饭污染。

5）保质期

餐饮盒饭和桶饭配送保质期的食品安全要求是：

①冷藏盒饭（包括主食和菜肴）从烧熟至食用的时间不得超过 24 小时。

②加热保温盒饭（包括主食和菜肴）从烧熟至食用的时间不得超过 3 小时。

6）产品留样

餐饮盒饭和桶饭配送产品留样的食品安全要求是：

①每批产品的所有品种均应留样。

②冷藏或加热保温盒饭应按品种分别放入专用容器，在冰箱内存放至超过保质期限 48 小时以上，每个品种的留样量不少于 100 克。

③高温灭菌盒饭应保存至超过保质期限 2 天以上，每批次产品每个品种主食和菜肴的留样量分别不少于 100 克。

10.2.5　盒饭、桶饭生产加工场所和设施的食品安全要求

餐饮盒饭、桶饭生产加工场所和设施的食品安全要求有以下几个方面：

①具有与供应方式、品种、数量相适应的独立分隔的原料储藏、粗加工、切配、烹调、餐具及工用具清洗消毒、饭菜暂存、盒饭分装、成品贮存等专用场地。

②各专用场地及设备应按照粗加工→切配→主副食品烹调→盒饭分装→成品贮存的顺序合理布局，食品加工处理流程应为生进熟出的单一流向，并应能防止在贮存、操作中产生交叉污染。

③有相应的更衣、盥洗、照明、通风、防尘、防蝇、防鼠、污水排放、废弃物存放的设施。

④生产冷藏或加热保温盒饭的，应设立盒饭分装专间。专间内应设紫外线灭菌灯、二次

更衣及流动水清洗消毒池等设施。采用冷藏方式加工的，专间内还应设空调、温度计等设施，空调设施应使专间操作时的室温控制在 25 ℃以下。

⑤采用冷藏方式加工盒饭的，应配备盒饭冷却设备，如真空冷却机或设立盒饭冷却专间。采用专间方式冷却的，专间应内设降温、紫外线灭菌灯、温度计等设施。

⑥生产加热保温盒饭应配备膳食加热设施，如加热柜、蒸箱以及膳食贮存、配送时的保温设施，如保温性能良好的周转箱。

10.2.6 盒饭、桶饭加工工艺的食品安全要求

餐饮盒饭应采用冷藏、加热保温或者高温灭菌的工艺进行加工，桶饭一般采用加热保温工艺。各类盒饭、桶饭加工工艺的具体要求如下：

1）冷藏

餐饮盒饭、桶饭膳食烧熟后须充分冷却，2 小时内膳食中心温度降至 10 ℃以下，并在 10 ℃以下分装、贮存、运输。食用前，须加热至盒饭、桶饭中心温度 75 ℃以上。采用冷藏方式的，盒饭、桶饭膳食从烧熟至食用的时间不得超过 24 小时。真空冷却机等冷却设备能使膳食中心温度在 2 小时内降至 10 ℃以下。

2）加热保温

（1）加热保温

餐饮盒饭、桶饭膳食烧熟后加热保温，使膳食在使用前中心温度始终保持在 65 ℃以上。采用加热保温方式的，盒饭、桶饭膳食从烧熟至食用的时间不得超过 3 小时。膳食烹饪后采用加热设备，如水浴备餐台、加热柜、微波加热设备等进行加热，运输时采用保温设施，如保温性能良好的保温箱维持温度，使膳食在食用前中心温度始终保持在 65 ℃以上。

（2）盒饭、桶饭中心温度的测定方法

随机抽取 3 件同批盒饭、桶饭样品，用中心温度计测量米饭中心点温度或菜肴中心点温度，如米饭与菜肴同盒盛放，则应分别测量米饭和菜肴温度，取平均值为该件样品的中心温度，以 3 件样品测定值的平均值为该批盒饭的中心温度。

3）高温灭菌

盒饭膳食盛装于密闭容器中，经高温灭菌，达到商业无菌要求，这种盒饭通常需要专用设备加工，可以在常温下保存数月。

4）其他要求

图 10.4 餐饮盒饭、桶饭加工

由于餐饮盒饭、桶饭从加工完成到食用的间隔时间较长，为减少食品安全风险，必须采取如下几个方面的措施：

①盒饭、桶饭中禁止配送生拌菜、改刀熟食、生食水产品等品种。

②盒饭中的食品应当烧熟煮透，其中心温度不得低于 70 ℃。

③盒饭、桶饭应在食品盛器上标示加工日期和时间、

保质期、保存条件等内容。

④应向消费者说明：为保证安全，请在收到后尽快食用（图 10.4 餐饮盒饭、桶饭加工）。

5）餐饮盒饭和桶饭加工中的其他食品安全规定

餐饮盒饭和桶饭加工中的其他食品安全规定有以下几个方面：

①盒饭生产企业应加强自身卫生管理，建立健全各项卫生制度，建立盒饭、桶饭卫生质量检验机构，配备专职食品卫生管理人员和检验人员。检验机构应配备微生物等实验室基本设备，具有对规范和标准规定的食品的品种、感观、标签、菌落总数及大肠菌群或商业无菌、中心温度和接触直接入口食品餐用具表面大肠菌群等项目进行检验的能力。

②接触食品的各种机械设备、工用具、容器、包装材料必须符合卫生标准和卫生要求，接触待加工和直接入口食品的容器、工用具应当有明显的区分标记，严格分开使用。

③接触直接入口食品的容器和工具使用后应当严格清洗，并保持清洁，使用前需进行消毒。

④盒饭生产企业应每天对盒饭分装工用具、餐具、接触直接入口食品的从业人员双手、操作台面等盒饭加工环节进行大肠菌群定性检验。检验结果应记录并保存 1 年以上。

⑤盒饭生产企业应建立食品留样制度，配备实施食品留样的专用容器和设施，按要求进行留样。

⑥学生盒饭生产企业应配备专职或兼职营养师（士）。

⑦营养师（士）应定期对学生盒饭的热能、蛋白质、脂肪等营养素进行评估，指导企业合理配置菜谱，使加工的盒饭符合标准营养指标的要求。

10.2.7　餐饮膳食外卖食品的安全要求

1）膳食外卖食品安全要求的重要性

餐饮膳食外卖是指餐饮企业根据团体膳食用餐者的临时订购要求，在餐饮企业加工场所集中加工膳食半成品或成品后，将膳食半成品或成品集中配送到团体膳食供餐点，再将半成品加工制成膳食或直接供应成品膳食的服务行为。餐饮企业从事团体膳食外卖服务已成为餐饮服务的一种新业态。不过，由于膳食外卖食品品种繁多，大量集中加工制作，运输过程温度与时间控制等存在的食品安全风险，使得膳食外卖这一团体膳食外卖成为一种特殊的高食品安全风险膳食供应模式。所以，必须加强膳食外卖食品安全要求，以切实减少膳食外卖食物中毒发生的几率。

2）膳食外卖加工场所的食品安全卫生要求

餐饮膳食外卖是餐饮企业在饭店以外的场所提供餐饮服务，常见于各类庆典和活动中。餐饮膳食外卖加工场所的食品安全卫生要求主要有以下几个方面：

①加工场所至少有两个可供专门使用的自来水水池，分别用于清洗接触食品半成品和成品的工具、设施和操作人员手部。

②能够提供可关闭并进行彻底消毒的场所，以供冷菜分装、改刀等食品安全要求较高的操作间。

③有足够的电力可供冷藏、加热等设施运转。

3）餐饮膳食外卖的食品安全要求与技术

餐饮膳食外卖通常是将食品在饭店内加工成半成品或者成品，由餐饮单位将设备设施带到供餐现场，在现场进行加热烹饪、冷菜改刀等最后一道加工工序。由于供餐现场的条件较为简陋，膳食外卖具有较大的食品安全风险。餐饮膳食外卖除一般食品安全要求外，应重点注意的一些要求与技术主要有：

①带到现场的食品原料、半成品在供餐过程中，应严格处于冷藏状态下。现场没有冷藏设施，应将其始终放在冷藏车上，需要供应时才取出。

②供餐现场所能提供的清洗条件极其有限，应携带足够的食品容器，保证存放食品原料、半成品和成品的容器能够严格分开。

③尽量使用一次性餐具，但必须注意避免随便丢弃。如必须使用非一次性餐具，应携带足够应付该餐外卖的数量。

 学生活动　模拟处理一起餐饮酒店膳食外卖安全问题投诉

任务1的情境导入案例中，如何处理这起餐饮盒饭外卖安全问题投诉？

[参考答案]

1. 食品中毒原因

提早盒饭加工时间，使盒饭长时间放置在常温条件下，蜡样芽孢杆菌大量繁殖是导致食物中毒的主要原因。

2. 处理程序

任务3　中央厨房食品包装及配送要求

任务要求

1. 了解中央厨房食品包装及配送食品安全要求的重要性。
2. 掌握中央厨房食品包装及配送食品安全的要求和技术。

情境导入

2011年8月，重庆味千餐饮文化有限公司在福建厦门加工生产的浓缩包装"味千千味汤"被查处有食品安全问题。该产品浓缩包装配料表上标注的成分为猪骨汤精、食用碘盐、千味汤调味料等，产地为上海。FDA查处时，场地上堆放着印有"味千拉面"的箱子，其卫生许可证已过期，配料的生产日期被篡改。加工点的负责人表示：这是味千拉面的中央厨房，只是配送内部门店，没有对外经营。据了解，该加工点属于餐饮连锁企业建立的中央厨房，应当按照规定申请《餐饮服务许可证》。根据相关规定，中央厨房的食品加工操作和贮存场所面积原则上不小于300平方米，并要求中央厨房必须设置与加工制作的食品品种相适应的检验室，但该加工厂并未设置检验室，食品加工操作和贮存场所面积均达不到相关的食品安全要求。

🧁 知识准备

10.3.1　中央厨房食品包装及配送食品安全要求的重要性

1）中央厨房

中央厨房是指由餐饮连锁企业建立的，具有独立场所及设施设备，集中完成食品成品或半成品加工制作，并直接配送给餐饮服务单位的提供者。中央厨房采用巨大的操作间，采购、选菜、切菜、调料等各个环节均由专人负责，半成品和调好的调料用统一的运输方式，赶在指定时间内运到分店。

图10.5　中央厨房食品加工

餐饮中央厨房最大的好处是：通过集中规模采购、集约生产来实现菜品的质优价廉，在需求量增大的情况下，采购量增长相当可观。为降低食品安全风险，形成集约化、标准化的操作模式，中央厨房对原料采购的要求也在不断提高。品牌原料不仅能够保证中央厨房稳定的供应，良好的物流体系也能更好地保证中央厨房原料的新鲜与安全（图10.5 中央厨房食品加工）。

2）中央厨房食品包装及配送安全要求的重要性

由于餐饮中央厨房具有一次性加工制作量大，辐射范围广，食用人群庞大，配送冷链要求高，食品包装卫生标准严格等特点，一旦出现配送温度失控，包装破裂导致交叉污染，不按食品安全操作规范加工食品等食品安全隐患，极易造成群体性重大食品安全事故，是餐饮服务食品安全高风险业态之一。因此，加强中央厨房食品包装及配送食品安全管理，严防食物中毒事件发生意义深远。

10.3.2　中央厨房食品包装及配送食品安全要求

1）中央厨房食品包装安全要求

餐饮中央厨房食品包装安全要求主要有以下几个方面：

①包装材料应符合国家有关食品安全标准和规定的要求。

②包装材料应清洁、无毒。

③内包装材料应能在贮存、运输、销售中充分保护食品免受污染，防止损坏。

④重复使用的包装材料在使用前应彻底清洗，必要时进行消毒。

⑤一次性内包装材料应脱去外包装后进入加工专间。

2）中央厨房食品配送安全要求

餐饮中央厨房食品配送安全要求主要有以下几个方面：

①用于盛装食品的容器不得直接放置于地面。

②配送食品的最小使用包装或食品容器包装上的标签应标明加工单位、生产日期及时间、保质期、半成品加工方法，必要时标注保存条件和成品使用方法。

③应根据配送食品的产品特性选择适宜的保存条件和保质期，如宜冷藏或冷冻保存。冷藏或冷冻食品的条件应符合我国《餐饮服务食品安全操作规范》规定，冷藏温度的范围在 0~10 ℃，冷冻温度的范围在 –20 ℃~–1 ℃。

④运输车辆应保持清洁，每次运输食品前应进行消毒，在运输装卸过程中也要注意保持清洁，运输后进行清洗，防止食品在运输过程中受到污染。

[思考与练习]

一、选择题

1. 根据我国《盒饭卫生与营养要求》规定，生产加热保温盒饭应配备（　　　）。

    A. 膳食加热设施，如加热柜、蒸箱、微波加热设施等

    B. 膳食贮存、配送用的保温性能良好的周转箱

    C. 以上都应配备

2. 根据我国《盒饭卫生与营养要求》规定，生产（　　　）盒饭无须配备盒饭分装专间。

    A. 高温灭菌   B. 冷藏   C. 加热保温

3. 社会盒饭和桶饭餐饮生产企业的加工场地总面积应大于（　　　）。

    A.200 米²   B.300 米²   C.500 米²

4. 采用加热保温方式供应的盒饭和桶饭，膳食烧熟后至食用前中心温度应始终保持在（　　　）。

    A.50 ℃以上   B.65 ℃以上   C.75 ℃以上

5. 采用冷藏方式供应的盒饭从烧熟至食用的时间不得超过（　　　）。

    A.4 小时   B.12 小时   C.24 小时

6. 采用加热保温方式供应的盒饭和桶饭从烧熟至食用的时间不得超过（　　　）。

    A.1 小时   B.3 小时   C.6 小时

7. 根据热藏方式备餐要求，具有潜在危害的食品应至少在（　　　）以上保存。

    A.50 ℃   B.60 ℃   C.70 ℃

8. 根据冷藏方式备餐要求，具有潜在危害的食品应至少在（　　　）以下保存。

    A.0 ℃   B.10 ℃   C.15 ℃

9. 餐饮备餐工具应（　　　）清洗消毒 1 次。

    A. 每次使用后   B. 每 4 小时   C. 每天

10. 以下哪种菜肴是餐饮盒饭、桶饭中禁止供应的（　　　）。

    A. 宫保鸡丁   B. 咸鸡汤   C. 白斩鸡

11. 餐饮非一次性餐具应采用（　　　）消毒。

    A. 洗碗机　　　　　　B. 干热　　　　　　　C. 湿热

12. 冷藏备餐可以（　　　）。

    A. 杀灭食物中的微生物

    B. 抑制食物中的微生物生长

    C. 再加热食物

13. 根据我国《餐饮服务食品安全操作规范》规定：回收的食品不得再次供应，以下哪种食品不属于回收食品（　　　）。

    A. 回收的沸腾鱼片汤料

    B. 辣子鸡块中拣出的辣椒

    C. 打开包装的火锅底料

14. 餐饮服务人员在进行供餐操作时，不应该做的是（　　　）。

    A. 手部不接触餐具的内面

    B. 将消毒后的餐具堆叠

    C. 上岗前清洗双手

15. 以下各类餐饮业态中，备餐环节食品安全风险最大的是（　　　）。

    A. 饭店　　　　　　　B. 小吃店　　　　　　C. 快餐店

16. 以下哪种餐饮供应方式许可证上需有专门核准项目（　　　）。

    A. 自助餐　　　　　　B. 外送盒饭和桶饭　　C. 冷藏备餐

二、是非题

1. 餐饮冷藏盒饭食用前应重新加热到 65 ℃以上。　　　　　　　　　　（　　　）

2. 采用加热保温方式制作的盒饭、桶饭，加工后至食用前应始终保持在 65 ℃以上。（　　　）

3. 餐饮盒饭、桶饭中禁止供应生拌菜和生食水产品，但可以供应改刀熟食。　（　　　）

4. 餐饮盒饭运输应采用专用车辆。　　　　　　　　　　　　　　　　　（　　　）

5. 餐饮业用于菜肴装饰的原料需再次使用的，使用后应清洗，使用前应消毒。（　　　）

6. 根据我国《餐饮服务食品安全操作规范》规定，分派菜肴、整理造型的用具应专用。

    　　　　　　　　　　　　　　　　　　　　　　　　　　　　　　（　　　）

7. 餐饮常温备餐时，为保证供应食物的新鲜，应随时向备餐容器中添加食物。（　　　）

8. 餐饮膳食外卖，即在饭店以外供应餐饮服务的现场，应有足够的电力、自来水、可关闭并可彻底消毒的场所。　　　　　　　　　　　　　　　　　　　　（　　　）

9. 餐饮膳食烧制后只要及时分装，通常能够保证盒饭的温度在食用前不低于我国《餐饮服务食品安全操作规范》中规定的 65 ℃以上。　　　　　　　　　　（　　　）

10. 餐饮加工冷藏盒饭最有效的冷却方法是：盒饭烧制后放入专用低温冷库冷却。（　　　）

项目 11
违反食品安全法规的法律责任

如果餐饮企业违反了食品安全相关法律规定，生产不符合国家标准的餐饮食品，通常应承担行政、民事、刑事 3 个方面的法律责任。如未经许可从事需要生产许可的食品，根据严重程度将由行政执法部门处以罚款、责令停产停业、吊销许可证等行政责任。因违反食品安全的法律规定，造成消费者人身、财产或者其他损害的，应当承担民事赔偿责任。《刑法》有生产、销售伪劣产品罪，生产、销售不符合卫生标准的食品罪，生产、销售有毒、有害食品罪等。违法行为发生在食品生产环节的，由质量监督部门进行处罚；违法行为发生在食品流通环节的，由工商行政管理部门进行处罚；违法行为发生在餐饮服务环节的，由食品药品监督管理部门进行处罚。

学习目标

一、知识目标

◇ 熟练掌握《中华人民共和国食品安全法》第八十四、八十六、八十七、八十八、九十二、九十六、九十七、九十八条。

◇ 熟悉《中华人民共和国食品安全法实施条例》第二十一、三十一、三十二、四十三、五十五、五十六、五十七、六十条。

◇ 了解《中华人民共和国刑法》第一百四十、一百四十三、一百四十四、一百四十九、一百五十条。

◇ 熟悉《国务院办公厅关于严厉打击食品非法添加行为切实加强食品添加剂监管的通知》第一条。

◇ 了解《××市集体用餐配送监督管理办法》第二十九条。

二、情感目标

◇ 通过违反食品安全法规的法律责任学习，进一步培养食品安全的风险意识，提高食品安全的法律责任意识。

任务 1　《中华人民共和国食品安全法》

任务要求

1. 了解非法使用食品添加剂的行政处罚要求。
2. 熟悉违反本法 10 大情形的行政处罚规定。
3. 能较准确地理解本法，会区分犯罪界限。

情境导入

2002 年 10 月中旬，上海市某区多所学校的学生出现腹痛、腹泻、高热、里急后重等食物中毒症状，部分学生症状严重。FDA 调查显示，该起事件是由这些学校的某餐饮服务公司制作的盒饭所致。疾控中心医务人员在盒饭菜肴中的葱拌黄瓜片、采购的原料黄瓜等样品中和多名发病学生肛拭中均检出痢疾杆菌，断定这是一起由痢疾杆菌引起的食物中毒事件。为此，该公司法定代表人被判 3 年有期徒刑。

知识准备

11.1.1　《中华人民共和国食品安全法》形成背景

为保证食品安全，保障餐饮受众的身体健康和生命安全，我国早在 1995 年就颁布了《中华人民共和国食品卫生法》。在此基础上，2009 年 2 月 28 日，十一届全国人大常委会第七次会议通过了《中华人民共和国食品安全法》。《中华人民共和国食品安全法》是适应新形势发展的需要，为了从制度上解决现实社会生活中存在的食品安全问题，以更好地保证食品安全而制定的。其中，确立了以食品安全风险监测和评估为基础的科学管理制度，明确食品安全风险评估结果作为制定、修订食品安全标准和对食品安全实施监督管理的科学依据（如图 11.1 中华人民共和国食品安全法）。

图 11.1　中华人民共和国食品安全法

《中华人民共和国食品安全法》于 2009 年 6 月 1 日起在中国境内正式实施。

11.1.2　《中华人民共和国食品安全法》

1）第八十四条

第八十四条　违反本法规定，未经许可从事食品生产经营活动，或者未经许可生产食品添加剂的，由有关主管部门按照各自职责分工，没收违法所得、违法生产经营的食品、食品添加剂和用于违法生产经营的工具、设备、原料等物品；违法生产经营的食品、食品添加剂货值金额不足一万元的，并处二千元以上五万元以下罚款；货值金额一万元以上的，并处货值金额五倍以上十倍以下罚款。

2）第八十六、八十七、八十八条

第八十六条　违反本法规定，有下列情形之一的，由有关主管部门按照各自职责分工，没收违法所得、违法生产经营的食品和用于违法生产经营的工具、设备、原料等物品；违法生产经营的食品货值金额不足一万元的，并处二千元以上五万元以下罚款；货值金额一万元以上的，并处货值金额二倍以上五倍以下罚款；情节严重的，责令停产停业，直至吊销许可证：

（一）经营被包装材料、容器、运输工具等污染的食品；

（二）生产经营无标签的预包装食品、食品添加剂或者标签、说明书不符合本法规定的食品、食品添加剂；

（三）食品生产者采购、使用不符合食品安全标准的食品原料、食品添加剂、食品相关产品；

（四）食品生产经营者在食品中添加药品。

第八十七条　违反本法规定，有下列情形之一的，由有关主管部门按照各自职责分工，责令改正，给予警告；拒不改正的，处二千元以上二万元以下罚款；情节严重的，责令停产停业，直至吊销许可证：

（一）未对采购的食品原料和生产的食品、食品添加剂、食品相关产品进行检验；

（二）未建立并遵守查验记录制度、出厂检验记录制度；

（三）制定食品安全企业标准未依照本法规定备案；

（四）未按规定要求贮存、销售食品或者清理库存食品；

（五）进货时未查验许可证和相关证明文件；

（六）生产的食品、食品添加剂的标签、说明书涉及疾病预防、治疗功能；

（七）安排患有本法第三十四条所列疾病的人员从事接触直接入口食品的工作。

第八十八条　违反本法规定，事故单位在发生食品安全事故后未进行处置、报告的，由有关主管部门按照各自职责分工，责令改正，给予警告；毁灭有关证据的，责令停产停业，并处二千元以上十万元以下罚款；造成严重后果的，由原发证部门吊销许可证。

3）第九十二条

图 11.2　违法上黑名单

第九十二条　被吊销食品生产、流通或者餐饮服务许可证的单位，其直接负责的主管人员自处罚决定作出之日起五年内不得从事食品生产经营管理工作。

食品生产经营者聘用不得从事食品生产经营管理工作的人员从事管理工作的，由原发证部门吊销许可证（如图 11.2 违法上黑名单）。

4）第九十六、九十七、九十八条

第九十六条　违反本法规定，造成人身、财产或者其他损害的，依法承担赔偿责任。

生产不符合食品安全标准的食品或者销售明知是不符合食品安全标准的食品，消费者除要求赔偿损失外，还可以向生产者或者销售者要求支付价款十倍的赔偿金。

第九十七条　违反本法规定，应当承担民事赔偿责任和缴纳罚款、罚金，其财产不足以同时支付时，先承担民事赔偿责任。

第九十八条　违反本法规定，构成犯罪的，依法追究刑事责任。

部分常见违反《食品安全法》的典型法律责任详见表11.1。

表11.1　部分常见违反《食品安全法》的典型法律责任

序号	违法行为	法律责任	追究责任的机关
1	违反《食品安全法》规定，构成犯罪的	依法追究刑事责任《食品安全法》第八十一条：涉嫌犯罪的，应当依法向公安机关移送。	公、检、法
2	未经许可从事食品生产经营活动，或未经许可生产食品添加剂的	没收违法所得、违法生产经营的食品、食品添加剂和用于违法生产经营的工具、设备、原料等物品；违法生产经营的食品、食品添加剂货值金额不足一万元的，并处二千元以上五万元以下罚款；货值金额一万元以上的，并处货值金额五倍以上十倍以下罚款。	由有关主管部门按照各自职责分工
3	用非食品原料生产食品或者在食品中添加食品添加剂以外的化学物质和其他可能危害人体健康的物质，或者用回收食品作为原料生产食品	没收违法所得、违法生产经营的食品和用于违法生产经营的工具、设备、原料等物品；违法生产经营的食品货值金额不足一万元的，并处二千元以上五万元以下罚款；货值金额一万元以上的，并处货值金额五倍以上十倍以下罚款；情节严重的，吊销许可证。	由有关主管部门按照各自职责分工
4	生产经营致病性微生物、农药残留、兽药残留、重金属、污染物质以及其他危害人体健康的物质含量超过食品安全标准限量的食品	没收违法所得、违法生产经营的食品和用于违法生产经营的工具、设备、原料等物品；违法生产经营的食品货值金额不足一万元的，并处二千元以上五万元以下罚款；货值金额一万元以上的，并处货值金额五倍以上十倍以下罚款；情节严重的，吊销许可证。	由有关主管部门按照各自职责分工
5	生产经营营养成分不符合食品安全标准的专供婴幼儿和其他特定人群的主辅食品	没收违法所得、违法生产经营的食品和用于违法生产经营的工具、设备、原料等物品；违法生产经营的食品货值金额不足一万元的，并处二千元以上五万元以下罚款；货值金额一万元以上的，并处货值金额五倍以上十倍以下罚款；情节严重的，吊销许可证。	由有关主管部门按照各自职责分工
6	经营腐败变质、油脂酸败、霉变生虫、污秽不洁、混有异物、掺假掺杂或者感官性状异常的食品	没收违法所得、违法生产经营的食品和用于违法生产经营的工具、设备、原料等物品；违法生产经营的食品货值金额不足一万元的，并处二千元以上五万元以下罚款；货值金额一万元以上的，并处货值金额五倍以上十倍以下罚款；情节严重的，吊销许可证。	由有关主管部门按照各自职责分工
7	经营病死、毒死或者死因不明的禽、畜、兽、水产动物肉类，或者生产经营病死、毒死或者死因不明的禽、畜、兽、水产动物肉类的制品	没收违法所得、违法生产经营的食品和用于违法生产经营的工具、设备、原料等物品；违法生产经营的食品货值金额不足一万元的，并处二千元以上五万元以下罚款；货值金额一万元以上的，并处货值金额五倍以上十倍以下罚款；情节严重的，吊销许可证。	由有关主管部门按照各自职责分工
8	经营未经动物卫生监督机构检疫或者检疫不合格的肉类，或者生产经营未经检验或者检验不合格的肉类制品	没收违法所得、违法生产经营的食品和用于违法生产经营的工具、设备、原料等物品；违法生产经营的食品货值金额不足一万元的，并处二千元以上五万元以下罚款；货值金额一万元以上的，并处货值金额五倍以上十倍以下罚款；情节严重的，吊销许可证。	由有关主管部门按照各自职责分工

续表

序号	违法行为	法律责任	追究责任的机关
9	经营超过保质期的食品	没收违法所得、违法生产经营的食品和用于违法生产经营的工具、设备、原料等物品；违法生产经营的食品货值金额不足一万元的，并处二千元以上五万元以下罚款；货值金额一万元以上的，并处货值金额五倍以上十倍以下罚款；情节严重的，吊销许可证。	由有关主管部门按照各自职责分工
10	生产经营国家为防病等特殊需要明令禁止生产经营的食品	没收违法所得、违法生产经营的食品和用于违法生产经营的工具、设备、原料等物品；违法生产经营的食品货值金额不足一万元的，并处二千元以上五万元以下罚款；货值金额一万元以上的，并处货值金额五倍以上十倍以下罚款；情节严重的，吊销许可证。	由有关主管部门按照各自职责分工
11	利用新的食品原料从事食品生产或者从事食品添加剂新品种、食品相关产品新品种生产，未经过安全性评估	没收违法所得、违法生产经营的食品和用于违法生产经营的工具、设备、原料等物品；违法生产经营的食品货值金额不足一万元的，并处二千元以上五万元以下罚款；货值金额一万元以上的，并处货值金额五倍以上十倍以下罚款；情节严重的，吊销许可证。	由有关主管部门按照各自职责分工
12	食品生产经营者在有关主管部门责令其召回或者停止经营不符合食品安全标准的食品后，仍拒不召回或者停止经营的	没收违法所得、违法生产经营的食品和用于违法生产经营的工具、设备、原料等物品；违法生产经营的食品货值金额不足一万元的，并处二千元以上五万元以下罚款；货值金额一万元以上的，并处货值金额五倍以上十倍以下罚款；情节严重的，吊销许可证。	由有关主管部门按照各自职责分工
13	经营被包装材料、容器、运输工具等污染的食品	没收违法所得、违法生产经营的食品和用于违法生产经营的工具、设备、原料等物品；违法生产经营的食品货值金额不足一万元的，并处二千元以上五万元以下罚款；货值金额一万元以上的，并处货值金额二倍以上五倍以下罚款；情节严重的，责令停产停业，直至吊销许可证。	由有关主管部门按照各自职责分工
14	生产经营无标签的预包装食品、食品添加剂或者标签、说明书不符合《食品安全法》规定的食品、食品添加剂	没收违法所得、违法生产经营的食品和用于违法生产经营的工具、设备、原料等物品；违法生产经营的食品货值金额不足一万元的，并处二千元以上五万元以下罚款；货值金额一万元以上的，并处货值金额二倍以上五倍以下罚款；情节严重的，责令停产停业，直至吊销许可证。	由有关主管部门按照各自职责分工
15	食品生产者采购、使用不符合食品安全标准的食品原料、食品添加剂、食品相关产品	没收违法所得、违法生产经营的食品和用于违法生产经营的工具、设备、原料等物品；违法生产经营的食品货值金额不足一万元的，并处二千元以上五万元以下罚款；货值金额一万元以上的，并处货值金额二倍以上五倍以下罚款；情节严重的，责令停产停业，直至吊销许可证。	由有关主管部门按照各自职责分工
16	违反《食品安全法》规定，食品生产经营者在食品中添加药品	没收违法所得、违法生产经营的食品和用于违法生产经营的工具、设备、原料等物品；违法生产经营的食品货值金额不足一万元的，并处二千元以上五万元以下罚款；货值金额一万元以上的，并处货值金额二倍以上五倍以下罚款；情节严重的，责令停产停业，直至吊销许可证。	由有关主管部门按照各自职责分工
17	未对采购的食品原料和生产的食品、食品添加剂、食品相关产品进行检验	责令改正，给予警告；拒不改正的，处二千元以上二万元以下罚款；情节严重的，责令停产停业，直至吊销许可证。	由有关主管部门按照各自职责分工

序号	违法行为	法律责任	追究责任的机关
18	未建立并遵守查验记录制度、出厂检验记录制度	责令改正，给予警告；拒不改正的，处二千元以上二万元以下罚款；情节严重的，责令停产停业，直至吊销许可证。	由有关主管部门按照各自职责分工
19	制定食品安全企业标准未依照《食品安全法》规定备案	责令改正，给予警告；拒不改正的，处二千元以上二万元以下罚款；情节严重的，责令停产停业，直至吊销许可证。	由有关主管部门按照各自职责分工
20	未按规定要求贮存、销售食品或者清理库存食品	责令改正，给予警告；拒不改正的，处二千元以上二万元以下罚款；情节严重的，责令停产停业，直至吊销许可证。	由有关主管部门按照各自职责分工

学生活动 案例分析：饭店用餐集体中毒事件

2014 年 8 月 13 日中午，有 4 起婚宴和 1 起乔迁宴共 72 桌客人在浙江省金华市浦江县某饭店用餐。该饭店在当地是名气、服务、环境、菜肴味道都不错的饭店。次日凌晨开始，众多在该饭店参加宴席的市民，先后出现呕吐、出冷汗、腹泻等食物中毒症状。截至 8 月 14 日上午，已有 23 例病人到浦江县人民医院和中医院入院观察。浦江县卫生、市场监管部门已介入调查，将饭店餐饮部查封。

[参考答案]

该饭店食物的采购不仅有相关的记录，且遇到大型的宴席，都会对客人点的食物留样。但酒店厨房烹饪加工过程中从业人员、器用具、冷热菜保存、中心温度控制、加工量、厨房环境卫生等环节存在一定问题，相关部门要求该饭店餐饮部停业，内部进行自查，并积极配合相关部门的检查工作。

任务 2 《中华人民共和国食品安全法实施条例》

任务要求

1. 了解违反《中华人民共和国食品安全法实施条例》，发生食品安全事故后的法定处理要求。

2. 熟悉问题烹饪原料使用与食品加工的法律责任。

3. 掌握餐饮厨房餐饮具清洗、消毒的法定要求。

情境导入

1999 年某月某日，江苏某地一家著名酒店发生了一起蟹宴食物中毒事件，数十人食用蟹肉色拉后出现腹痛、腹泻等食物中毒症状，FDA 在剩余的蟹肉色拉中检出了副溶血弧菌。调查发现：该酒店能容纳几千人同时就餐，但厨房熟食专间仅 10 余平方米；专间内的排水沟

与粗加工、切配、烹饪场所排水沟相通；酒店垃圾房设在熟食专间出口处。蟹肉色拉需要以大量的熟蟹肉为原料，熟食专间因场地狭小，部分拆蟹粉加工人员就在粗加工等场所剔蟹肉达 10 来个小时。剔好的蟹肉不能全部放入冰箱，就存放在专间温度环境下。供餐前将蟹肉和色拉酱拌在一起，不再进行加热。该酒店被 FDA 处以勒令整改，停业整顿 7 天，承担全部医疗及误工费用和损失，罚款人民币 3 万元。

🧁知识准备

11.2.1　《中华人民共和国食品安全法实施条例》制定的背景

2009 年 1 月，为了配合《中华人民共和国食品安全法》的实施，原国家法制办会同卫生部等部门起草了《中华人民共和国食品安全法实施条例（草案）》。从 4 月起至 5 月底，草案向社会公开征求意见，并在充分研究各方意见的基础上，遵循食品安全监管的客观规律，作了以下几个方面的调整：

①进一步落实企业作为食品安全第一责任人的责任，强化事先预防和生产经营过程控制，以及食品发生安全事故后的可追溯。

②进一步强化各部门在食品安全监管方面的职责，完善监管部门在分工负责与统一协调相结合的体制中相互协调、衔接与配合。

③将食品安全法一些较为原则的规定具体化，增强制度的可操作性。但对食品安全法已经作出具体规定的内容，一般不再重复规定。

11.2.2　《中华人民共和国食品安全法实施条例》

1）第二十一条

第二十一条　食品生产经营者的生产经营条件发生变化，不符合食品生产经营要求的，食品生产经营者应当立即采取整改措施；有发生食品安全事故的潜在风险的，应当立即停止食品生产经营活动，并向所在地县级质量监督、工商行政管理或者食品药品监督管理部门报告；需要重新办理许可手续的，应当依法办理。

县级以上质量监督、工商行政管理、食品药品监督管理部门应当加强对食品生产经营者生产经营活动的日常监督检查；发现不符合食品生产经营要求情形的，应当责令立即纠正，并依法予以处理；不再符合生产经营许可条件的，应当依法撤销相关许可。

2）第三十一、三十二条

第三十一条　餐饮服务提供者应当制定并实施原料采购控制要求，确保所购原料符合食品安全标准。

餐饮服务提供者在制作加工过程中应当检查待加工的食品及原料，发现有腐败变质或者其他感官性状异常的，不得加工或者使用。

第三十二条　餐饮服务提供企业应当定期维护食品加工、贮存、陈列等设施、设备；定期清洗、校验保温设施及冷藏、冷冻设施。

餐饮服务提供者应当按照要求对餐具、饮具进行清洗、消毒，不得使用未经清洗和消毒的餐具、饮具。

3）第四十三条

第四十三条　发生食品安全事故的单位对导致或者可能导致食品安全事故的食品及原料、工具、设备等，应当立即采取封存等控制措施，并自事故发生之时起两小时内向所在地县级人民政府卫生行政部门报告。

4）第五十五、五十六、五十七条

第五十五条　食品生产经营者的生产经营条件发生变化，未依照本条例第二十一条规定处理的，由有关主管部门责令改正，给予警告；造成严重后果的，依照食品安全法第八十五条的规定给予处罚。

第五十六条　餐饮服务提供者未依照本条例第三十一条第一款规定制定、实施原料采购控制要求的，依照食品安全法第八十六条的规定给予处罚。

餐饮服务提供者未依照本条例第三十一条第二款规定检查待加工的食品及原料，或者发现有腐败变质或者其他感官性状异常仍加工、使用的，依照食品安全法第八十五条的规定给予处罚。

第五十七条　有下列情形之一的，依照食品安全法第八十七条的规定给予处罚：

（一）食品生产企业未依照本条例第二十六条规定建立、执行食品安全管理制度的；

（二）食品生产企业未依照本条例第二十七条规定制定、实施生产过程控制要求，或者食品生产过程中有不符合控制要求的情形未依照规定采取整改措施的；

（三）食品生产企业未依照本条例第二十八条规定记录食品生产过程的安全管理情况并保存相关记录的；

（四）从事食品批发业务的经营企业未依照本条例第二十九条规定记录、保存销售信息或者保留销售票据的；

（五）餐饮服务提供企业未依照本条例第三十二条第一款规定定期维护、清洗、校验设施、设备的；

（六）餐饮服务提供者未依照本条例第三十二条第二款规定对餐具、饮具进行清洗、消毒，或者使用未经清洗和消毒的餐具、饮具的。

5）第六十条

第六十条　发生食品安全事故的单位未依照本条例第四十三条规定采取措施并报告的，依照食品安全法第八十八条的规定给予处罚。

🧁学生活动　案例分析：学校桶饭供应集体中毒事件

2006 年 6 月某日，上海浦东某小学的学生在食用了某餐饮供应商的桶饭后发生了一起300 余人的食物中毒事件。当天的午餐是红烧蹄膀、炒三丁、猪肝包菜番茄汤。下午，有多名学生相继出现了不同程度的身体不适、呕吐、腹泻、发热等疑似食物中毒症状。

FDA 经调查后初步认定，这是 2005 年以来上海最大的疑似集体食物中毒事件。食物中毒事件发生后，上海市食品药品监督管理局浦东分局查封了这家公司的装箱间、工作人员通道和物流通道，并要求对有关部位进行消毒。7 月 8 日，上海市食品药品监督管理局浦东分局公布了调查取证结果：该事件是由于进食了被致泻性弧菌污染的桶装饭菜所致，饭菜在生产加工过程中受交叉污染是主要原因。为此，该公司将付出被吊销食品卫生许可证和罚款 6 万元的代价。

[参考答案]

作为一个正规的桶饭加工企业，除了要在饭菜生产加工过程中避免受交叉污染外，只能采用以下 3 种方式保存运输桶饭：

①冷链法。桶饭烧煮后充分冷却，在 2 小时内须使中心温度降至 10 ℃以下和分装，并在 10 ℃以下条件贮存、运输，食用前须加热至中心温度不低于 75 ℃。

②加热保温法：桶饭烧煮后加热保温，使桶饭在食用前中心温度始终保持在 65 ℃以上。

③高温灭菌法：桶饭中的食品盛装于密闭容器中经高温灭菌，达到商业无菌要求，可以在常温下保存。

任务 3 其他相关食品安全管理条例

任务要求

1. 了解食品掺杂、掺假、以假充真、以次充好的行政处罚与刑事处罚规定。
2. 熟悉餐饮厨房烹饪加工中掺入有毒、有害的非食品原料的法律责任。
3. 掌握食品添加剂使用管理的法定要求。
4. 掌握集体用餐配送、加工、管理的法律规定。

情境导入

2009 年 5 月某日，多名顾客在浙江某地一餐饮酒店就餐后出现头晕、呕吐、嘴唇发紫等食物中毒症状，其中一人出现昏迷，医院诊断为食品添加剂——亚硝酸盐中毒。经调查，事发前一天，由于厨房亚硝酸盐包装袋破损，一名厨师将其倒入无任何标记的食品保鲜袋中，放置于厨房操作台上。次日，另一厨师误将其当作味精加入菜肴中，从而造成酒店多名顾客用餐后发生食物中毒。FDA 根据相关食品安全法律法规，对该酒店处以停业整顿，罚款人民币 3 万元。

知识准备

11.3.1 《中华人民共和国刑法》

1）第一百四十条

第一百四十条　生产者、销售者在产品中掺杂、掺假，以假充真，以次充好或者以不合格产品冒充合格产品，销售金额五万元以上不满二十万元的，处二年以下有期徒刑或者拘役，并处或者单处销售金额百分之五十以上二倍以下罚金；销售金额二十万元以上不满五十万元的，处二年以上七年以下有期徒刑，并处销售金额百分之五十以上二倍以下罚金；销售金额五十万元以上不满二百万元的，处七年以上有期徒刑，并处销售金额百分之五十以上二倍以下罚金；销售金额二百万元以上的，处十五年有期徒刑或者无期徒刑，并处销售金额百分之五十以上二倍以下罚金或者没收财产。

2）第一百四十三、一百四十四条

第一百四十三条　生产、销售不符合卫生标准的食品，足以造成严重食物中毒事故或者其他严重食源性疾患的，处三年以下有期徒刑或者拘役，并处或者单处销售金额百分之五十以上二倍以下罚金；对人体健康造成严重危害的，处三年以上七年以下有期徒刑，并处销售金额百分之五十以上二倍以下罚金；后果特别严重的，处七年以上有期徒刑或者无期徒刑，并处销售金额百分之五十以上二倍以下罚金或者没收财产（图11.3 食品违法必究）。

图 11.3　食品违法必究

第一百四十四条　在生产、销售的食品中掺入有毒、有害的非食品原料的，或者销售明知掺有有毒、有害的非食品原料的食品的，处五年以下有期徒刑或者拘役，并处或者单处销售金额百分之五十以上二倍以下罚金；造成严重食物中毒事故或者其他严重食源性疾患，对人体健康造成严重危害的，处五年以上十年以下有期徒刑，并处销售金额百分之五十以上二倍以下罚金；致人死亡或者对人体健康造成特别严重危害的，依照本法第一百四十一条的规定处罚。

3）第一百四十九、一百五十条

第一百四十九条　生产、销售本节第一百四十一条至第一百四十八条所列产品，不构成各该条规定的犯罪，但是销售金额在五万元以上的，依照本节第一百四十条的规定定罪处罚。

生产、销售本节第一百四十一条至第一百四十八条所列产品，构成各该条规定的犯罪，同时又构成本节第一百四十条规定之罪的，依照处罚较重的规定定罪处罚。

第一百五十条　单位犯本节第一百四十条至第一百四十八条规定之罪的，对单位判处罚金，并对其直接负责的主管人员和其他直接责任人员，依照各该条的规定处罚。

11.3.2 《国务院办公厅关于严厉打击食品非法添加行为切实加强食品添加剂监管的通知》第一条严厉打击食品非法添加行为

1）严禁在食品中添加非食用物质

根据有关食品安全法律法规，任何单位和个人禁止在食品生产中使用食品添加剂以外的任何化学物质和其他可能危害人体健康的物质，禁止在农产品种植、养殖、加工、收购、运输中使用违禁药物或其他可能危害人体健康的物质。

2）加强非法添加行为监督查验

各地区、各有关部门要加大监督检查力度，实行网格化监管，明确责任，分片包干，消除监管死角。督促食用农产品生产企业、农民专业合作经济组织、食品生产经营单位严格依法落实查验、记录制度，并作为日常监管检查的重点。督促食品生产经营单位建立健全检验制度，加密自检频次。完善监督抽检制度，强化不定期抽检和随机性抽检。特别要针对生鲜乳收购、活畜贩运、屠宰等重点环节和小作坊、小摊贩、小餐饮等薄弱部位，加大巡查和抽检力度，提高抽检频次，扩大抽检范围。推广应用快检筛查技术，提高抽检效率。

3）依法从重惩处非法添加行为

各地区、各有关部门要始终保持高压态势，严厉打击非法添加行为。对不按规定落实记录、查验制度，记录不真实、不完整、不准确，或未索证索票、票证保留不完备的，责令限期整改。对提供虚假票证或整改不合格的，一律停止其相关产品的生产销售；对因未严格履行进货查验而销售、使用含非法添加物食品的，责令停产、停业；对故意非法添加的，一律吊销相关证照，依法没收其非法所得和用于违法生产经营的相关物品，要求其对造成的危害进行赔偿；对上述行为，同时依法追究其他相关责任。对生产贩卖非法添加物的地下工厂主和主要非法销售人员，以及集中使用非法添加物生产食品的单位主要负责人和相关责任人，一律依法移送司法机关在法定幅度内从重从快惩处。有关部门要制定依法严惩食品非法添加行为的具体办法。

4）完善非法添加行为案件查办机制

要强化行政执法与刑事司法的衔接，相关监管部门发现非法添加线索要立即向公安等部门通报，严禁以罚代刑、有案不移。对涉嫌犯罪的，公安部门要及早介入，及时立案侦查，对影响重大或者跨省份的案件由公安部挂牌督办。有关部门要积极配合公安部门调查取证，提供相关证据资料和检验鉴定证明，确保案件查处及时、有力。

5）加强非法添加行为源头治理

对国家公布的食品中可能违法添加的非食用物质以及禁止在饲料和饮用水中使用的物质，工业和信息化、农业、质检、工商和食品药品监管等部门要依法加强监管，要求生产企业必须在产品标签上加印"严禁用于食品和饲料加工"等警示标识，建立销售台账，实行实名购销制度，严禁向食品生产经营单位销售。加强对化工厂、兽药和药品生产企业的监督检查，监督企业依法合规生产经营。要严密监测，坚决打击通过互联网等方式销售食品非法添加物行为。对农村、城乡结合部、县域结合部等重点区域，企业外租的厂房、车间、仓库以及城镇临时建筑、出租民房等重点部位，各地要组织经常性排查，及时发现、彻底清剿违法制造存储非法添加物的"黑窝点"，坚决捣毁地下销售渠道。

11.3.3 《××市集体用餐配送监督管理办法》第二十九条对集体用餐配送单位的处罚

集体用餐配送单位违反本办法规定，有下列行为之一的，由市或者区、县食品药品监管局责令改正；拒不改正的，处以三千元以上三万元以下的罚款：

（一）未按照规定建立加工数量、供应单位情况等信息的台账制度的；

（二）向集体用餐单位配送生拌菜、改刀熟食、生食水产品的（如图11.4违法要敲饭碗的）。

集体用餐配送单位违反本办法其他规定的，由市或者区、县食品药品监管局依据《中华人民共和国食品安全法》等法律和有关法规、规章予以处罚。

图 11.4　违法要敲饭碗的

[**思考与练习**]

一、选择题

1. 被吊销餐饮服务许可证的单位，其直接负责的主管人员自行政处罚决定作出之日起，（　　）年内不得从事食品生产经营管理工作。

  A. 三　　　　　　　　　B. 五　　　　　　　　　C. 八

2. 根据《中华人民共和国食品安全法》规定，未经许可从事食品生产经营活动，可处以（　　）。

  A. 没收违法所得并根据货值金额罚款

  B. 责令停业整顿

  C. 以上都是

3. 以下哪项不属于违反《中华人民共和国食品安全法》规定的违法行为，可不予处罚（　　）。

  A. 煎炸老油过滤后作为原料加工食品

  B. 食品供应时未拆包，回收后用于加工食品

  C. 生产经营的食品掺假掺杂

4. 根据《中华人民共和国食品安全法》规定，食品生产者采购、使用不符合食品安全标准的食品原料货值金额不足一万元的，可处以（　　）。

  A. 一千元以上三万元以下的罚款

  B. 二千元以上五万元以下的罚款

  C. 三千元以上十万元以下的罚款

5. 根据我国《中华人民共和国食品安全法》规定，餐饮单位未按规定要求贮存或者清理库存食品的，责令改正，给予警告；拒不改正的，可处以（　　）。

  A. 一千元以上一万元以下的罚款

  B. 二千元以上二万元以下的罚款

C. 三千元以上三万元以下的罚款

6. 根据《中华人民共和国食品安全法》规定，下列哪项违法行为应责令改正，给予警告；拒不改正的，处二千元以上二万元以下的罚款；情节严重的，责令停业，直至吊销许可证（　　　）。

A. 进货时未查验许可证和相关证明文件

B. 用非食品原料生产食品

C. 经营超过保质期的食品

7. 安排患有《中华人民共和国食品安全法》第三十四条所列疾病的人员从事直接入口食品工作的，责令改正，给予警告；拒不改正的，可处以（　　　）。

A. 一千元以上一万元以下的罚款

B. 二千元以上二万元以下的罚款

C. 三千元以上三万元以下的罚款

8. 根据《中华人民共和国刑法》规定，在生产、销售的食品中掺入有毒、有害的非食品原料的食品的，最高可处以（　　　）。

A. 十年以上有期徒刑　　　　　B. 无期徒刑　　　　　C. 死刑

9. 根据《中华人民共和国食品安全法》规定，聘用不得从事食品生产经营工作的人员从事管理工作，可处以（　　　）。

A. 责令改正，给予警告　　　B. 吊销许可证　　　　C. 以上都是

10. 餐饮企业生产不符合食品安全标准的食品，消费者除要求赔偿损失外，还可以向生产者要求支付价款（　　　）倍的民事赔偿金。

A. 三　　　　　　　　　　B. 五　　　　　　　　　C. 十

11. 以下关于应追究刑事责任的情形，哪种说法最准确（　　　）。

A. 利用地沟油生产食用油的

B. 明知是利用地沟油生产的食用油而予以销售的

C. 以上两种情形都应追究刑事责任

12. 食品安全事件中，如财产不足以同时支付，以下哪项是食品生产经营者应当首先承担的（　　　）。

A. 民事赔偿费用　　　　　B. 行政处罚罚款　　　　C. 刑事处罚罚金

13. 发生食品安全事故的餐饮企业对导致或者可能导致食品安全事故的食品及原料、工具、设备等，应当采取立即封存等控制措施，并自事故发生之日起（　　　）内向所在地县级人民政府卫生行政部门报告。

A. 一小时　　　　　　　B. 两小时　　　　　　C. 三小时

14. 对于餐饮企业在食品中添加食品添加剂以外的化学物质和其他可能危害人体健康的物质的行政处罚，以下不正确的是（　　　）。

A. 没收违法所得、违法生产经营的食品和用于违法生产经营的工具、设备、原料等物品

B. 按照违法生产经营的食品货值金额予以罚款

C. 情节严重的，责令停业整顿，吊销许可证

二、是非题

1. 根据《中华人民共和国食品安全法》规定,食品安全违法行为只会受到行政处罚。(   )

2. 餐饮企业对于进货时未查验许可证和相关证明文件的行政处罚包括二千元以上二万元以下的罚款。(   )

3.《中华人民共和国刑法》中对于造成严重食物中毒事故或者其他严重食源性疾患的刑事处罚是:致人死亡或者对人体健康造成特别严重危害的,处十年以上有期徒刑、无期徒刑或者死刑,并处销售金额百分之五十以上两倍以下罚金或者没收财产。(   )

4. 餐饮服务提供者未依照相关食品安全规定,检查待加工的食品及原料或者发现有腐败变质或者其他感官性状异常仍加工使用的,可处以吊销许可证。(   )

5. 餐饮企业发生食物中毒事件后未按法规要求处置、报告,且毁灭有关证据的可处以责令停产,并处二千元以上十万元以下的罚款。(   )

6. 用各类肉及肉品加工废弃物生产加工食用油也属于地沟油,应追究刑事责任。(   )

7. 食品药品监管部门履行食品安全监管责任,有权采取查封违法从事食品生产经营活动的场所。(   )

8. 向集体用餐单位配送生拌菜、改刀熟食、生食水产品的,可处以三千元以上三万元以下的罚款。(   )

附　录

《餐饮服务食品安全操作规范》

第一章　总则

第一条　为加强餐饮服务食品安全管理，规范餐饮服务经营者的经营行为，保障消费者身体健康，根据《中华人民共和国食品安全法》《中华人民共和国食品安全法实施条例》《餐饮服务食品安全监督管理办法》等相关法律法规，制定本规范。

第二条　本规范适用于餐饮服务经营者（包括餐馆、小吃店、快餐店、饮品店、食堂等），但不包括无固定加工和就餐场所的食品摊贩。

第三条　本规范下列用语的含义

（一）餐饮服务，是指通过即时制作加工、商业销售和服务性劳动等，向消费者提供食品和消费场所及设施的服务活动。

（二）餐饮服务经营者，进行餐饮服务经营活动的单位和个人，包括餐馆、小吃店、快餐店、饮品店、食堂等。

（三）餐馆（含酒家、酒楼、酒店、饭庄等），是指以饭菜（包括中餐、西餐、日餐、韩餐等）为主要经营项目的单位，包括火锅店、烧烤店等。

1. 特大型餐馆，是指经营场所使用面积在 3 000 米^2 以上（不含 3 000 米^2），或者就餐座位数在 1 000 座以上（不含 1 000 座）的餐馆。

2. 大型餐馆，是指经营场所使用面积在 500 ~ 3 000 米^2（不含 500 米^2，含 3 000 米^2），或者就餐座位数在 250 ~ 1 000 座（不含 250 座，含 1 000 座）的餐馆。

3. 中型餐馆，是指经营场所使用面积在 150 ~ 500 米^2（不含 150 米^2，含 500 米^2），或者就餐座位数在 75 ~ 250 座（不含 75 座，含 250 座）的餐馆。

4. 小型餐馆，是指经营场所使用面积在 150 米^2 以下（含 150 米^2），或者就餐座位数在 75 人以下（含 75 座）以下的餐馆。

5. 小吃店，是指以点心、小吃为主要经营项目的单位。

6. 快餐店，是指以集中加工配送、当场分餐食用并快速提供就餐服务为主要加工供应形式的单位。

7. 饮品店，是指以供应酒类、咖啡、茶水或者饮料为主的单位。

8. 食堂，是指设于机关、学校、企事业单位、工地等地点（场所），供内部职工、学生等就餐的单位。

（四）食品，是指各种供人食用或者饮用的成品和原料以及按照传统既是食品又是药品的物品，但是不包括以治疗为目的的物品，主要指原料、半成品、成品（包括凉菜、生食海产品、裱花蛋糕、现榨果蔬汁、自助餐）等。

1. 原料，是指供烹饪加工制作食品所用的一切可食用的物质和材料。

2. 半成品，是指食品原料经初步或部分加工后，尚需进一步加工制作的食品或原料。

3. 成品，是指经过加工制成的或待出售的可直接食用的食品。

4. 凉菜（又称冷菜、冷荤、熟食、卤味等），是指对经过烹制成熟或者腌渍入味后的食品进行简单制作并装盘，一般无须加热即可食用的菜肴。

5. 生食海产品，是指不经过加热处理即供食用的生长于海洋的鱼类、贝壳类、头足类等水产品。

6. 裱花蛋糕，是指以粮、糖、油、蛋为主要原料经焙烤加工而成的糕点坯，在其表面裱以奶油、人造奶油、植脂奶油等制成的糕点食品。

7. 现榨果蔬汁，是指以水果或蔬菜为主要原料，以压榨等机械方法加工所得的新鲜水果或蔬菜汁。

8. 自助餐，是指集中加工制作后放置于就餐场所，供就餐者自行选择食用的餐饮食品。

（五）加工经营场所，是指与加工经营直接或间接相关的场所，包括食品处理区、非食品处理区和就餐场所。

1. 食品处理区，是指食品的粗加工、切配、烹调和备餐场所、专间、食品库房、餐用具清洗消毒和保洁场所等区域，分为清洁操作区、准清洁操作区、一般操作区。

（1）清洁操作区，是指为防止食品被环境污染，清洁要求较高的操作场所，包括专间、备餐场所。

①专间，是指处理或短时间存放直接入口食品的专用操作间，包括凉菜间、裱花间、备餐专间等。

②备餐场所，是指成品的整理、分装、分发、暂时置放的专用场所。

（2）准清洁操作区，是指清洁要求次于清洁操作区的操作场所，包括烹调场所、餐用具保洁场所。

①烹调场所，是指对经过粗加工、切配的原料或半成品进行煎、炒、炸、焖、煮、烤、烘、蒸及其他热加工处理的操作场所。

②餐用具保洁场所，是指对经清洗消毒后的餐饮具和接触直接入口食品的工具、容器进行存放并保持清洁的场所。

（3）一般操作区，是指其他处理食品和餐具的场所，包括粗加工操作场所、切配场所、餐用具清洗消毒场所和食品库房。

①粗加工操作场所，是指对食品原料进行挑拣、整理、解冻、清洗、剔除不可食部分等加工处理的操作场所。

②切配场所，是指把经过粗加工的食品进行洗、切、称量、拼配等加工处理成为半成品的操作场所。

③餐用具清洗消毒场所，是指对餐饮具和接触直接入口食品的工具、容器进行清洗、消毒的操作场所。

④食品库房，是指专门用于储藏、存放食品原料的场所。

2. 非食品处理区，是指办公室、厕所、更衣场所、非食品库房等非直接处理食品的区域。

3. 就餐场所，是指供消费者就餐的场所，但不包括供就餐者专用的厕所、门厅、大堂休息厅、歌舞台等辅助就餐的场所。

（六）中心温度，是指块状或有容器存放的液态食品或食品原料的中心部位的温度。

（七）冷藏，是指为保鲜和防腐的需要，将食品或原料置于冰点以上较低温度条件下贮存的过程，冷藏温度的范围应在 0 ~ 10 ℃。

（八）冷冻，是指将食品或原料置于冰点温度以下，以保持冰冻状态的贮存过程，冷冻温度的范围应在 –20 ℃ ~ –1 ℃。

（九）清洗，是指利用清水清除原料夹带的杂质和原料、工具表面的污物所采取的操作过程。

（十）消毒，是指用物理或化学方法破坏、钝化或除去有害微生物的操作，消毒不能完全杀死细菌芽孢。

（十一）交叉污染，是指通过生的食品、食品加工者、食品加工环境或工具把生物的、化学的污染物转移到食品的过程。

（十二）从业人员，是指餐饮服务中从事食品采购、保存、加工、供餐服务及相关管理工作的人员。

第四条　本规范中"应"的要求是必须去做的；"不得"的要求是禁止去做；"宜"的要求是以这种做法为最佳。

第二章　加工经营场所的条件

第五条　选址要求

（一）不得设在易受到污染的区域，应选择地势干燥、有给排水条件和电力供应的地区。

（二）应距离粪坑、污水池、垃圾场（站）、旱厕等污染源25米以上，并应设置在粉尘、有害气体、放射性物质和其他扩散性污染源的影响范围之外。

（三）应同时符合规划、环保和消防的有关要求。

第六条　建筑结构、场所设置、布局、分隔、面积要求

（一）建筑结构坚固耐用、易于维修、易于保持清洁，应能避免有害动物的侵入和栖息。

（二）食品处理区均应设置在室内。

（三）食品处理区应按照原料进入、原料处理、半成品加工、成品供应的流程合理布局，食品加工处理流程应为生进熟出的单一流向，并应防止在存放、操作中产生交叉污染。成品通道、出口与原料通道、入口，成品通道、出口与使用后的餐饮具回收通道、入口均应分开设置。

（四）食品处理区，应设置专用的粗加工（全部使用半成品原料的可不设置），烹调（单纯经营火锅、烧烤的可不设置）和餐用具清洗消毒的场所，并应设置原料和（或）半成品贮存、切配及备餐（酒吧、咖啡厅、茶室可不设置）的场所。制作现榨果蔬汁和水果拼盘的，应设置相应的专用操作场所。进行凉菜配制、裱花操作的，应分别设置相应专间。集中备餐的食堂和快餐店应设备餐专间，或符合本规范第七条第二项第五目的规定。

（五）食品处理区宜根据本规范附件1的规定，设置独立隔间的场所。

（六）食品处理区的面积应与就餐场所面积、供应的最大就餐人数相适应，各类餐饮业食品处理区与就餐场所面积之比，切配烹饪场所面积宜符合本规范附件1的规定。

（七）粗加工操作场所内应至少分别设置动物性食品和植物性食品的清洗水池，水产品的清洗水池应独立设置，水池数量或容量应与加工食品的数量相适应。食品处理区内应设专用于拖把等清洁工具的清洗水池，其位置应不会污染食品及其加工操作过程。洗手消毒水池、餐用具清洗消毒水池的设置应分别符合本规范第七条第八项、第十一项的规定。各类水池应以明显标识标明其用途。

（八）烹调场所食品加工如使用固体燃料，炉灶应为隔墙烧火的外扒灰式，避免粉尘污染食品。

（九）拖把等清洁工具的存放场所应与食品处理区分开，加工经营场所面积在 500 米^{2}以上的餐馆和食堂宜设置独立隔间。

（十）加工经营场所内不得圈养、宰杀活的禽畜类动物。在加工经营场所外设立圈养、宰杀场所的，应距离加工经营场所 25 米以上。

第七条　设施要求

（一）地面与排水要求。

1.食品处理区地面应用无毒、无异味、不透水、不易积垢的材料铺设，且应平整、无裂缝。

2.粗加工、切配、餐用具清洗消毒和烹调等需经常冲洗场所、易潮湿场所的地面应易于清洗、防滑，并应有一定的排水坡度（不小于 1.5%）和排水系统。排水沟应有坡度，保持通畅，便于清洗，沟内不应设置其他管路，侧面和底面接合处宜有一定的弧度（曲率半径不小于 3 厘米），并设有可拆卸的盖板。排水的流向应由高清洁操作区流向低清洁操作区，并有防止污水逆流的设计。排水沟出口应有符合本条第十二项要求的防止有害动物侵入的设施。

3.清洁操作区内不得设置明沟，地漏应能防止废弃物流入及浊气逸出（如带水封地漏）。

4.废水应排至废水处理系统或经其他适当方式处理。

（二）墙壁与门窗要求。

1.食品处理区墙壁应采用无毒、无异味、不透水、平滑、不易积垢的浅色材料构筑。其墙角及柱角（墙壁与墙壁间、墙壁及柱与地面间、墙壁及柱与天花板）间宜有一定的弧度（曲率半径在 3 厘米以上），以防止积垢和便于清洗。

2.粗加工、切配、餐用具清洗消毒和烹调等需经常冲洗的场所、易潮湿的场所应有 1.5 米以上的光滑、不吸水、浅色、耐用和易清洗的材料(如瓷砖、合金材料等)制成的墙裙，各类专间应铺设到墙顶。

3.食品处理区的门、窗应装配严密，与外界直接相通的门和可开启的窗应设有易于拆下清洗且不生锈的防蝇纱网或设置空气幕，与外界直接相通的门和各类专间的门应能自动关闭。窗户不宜设室内窗台，若有窗台台面，宜向内侧倾斜（倾斜度宜在 45°以上）。

4.粗加工、切配、烹调、餐用具清洗消毒等场所和各类专间的门应采用易清洗、不吸水的坚固材料制作。

5.供应自助餐的餐饮单位或无备餐专间的快餐店和食堂，就餐场所窗户应为封闭式或装有防蝇防尘设施，门应设有防蝇防尘设施，以设空气幕为宜。

（三）屋顶与天花板要求。

1.加工经营场所天花板的设计应易于清扫，能防止害虫隐匿和灰尘积聚，避免长霉或建筑材料的脱落等情形发生。

2. 食品处理区天花板应选用无毒、无异味、不吸水、表面光洁、耐腐蚀、耐温、浅色材料涂覆或装修，天花板与横梁或墙壁结合处宜有一定弧度（曲率半径在3厘米以上）；水蒸气较多场所的天花板应有适当坡度，在结构上减少凝结水滴落。清洁操作区、准清洁操作区及其他半成品、成品暴露场所屋顶若为不平整的结构或有管道通过，应加设平整易于清洁的吊顶。

3. 烹调场所天花板离地面宜在2.5米以上，小于2.5米的应采用机械通风使换气量符合JGJ 64《饮食建筑设计规范》要求。

（四）厕所要求。

1. 厕所不得设在食品处理区。

2. 厕所应采用冲水式，地面、墙壁、便槽等应采用不透水、易清洗、不易积垢的材料。

3. 厕所内的洗手设施，应符合本规范本条第八项的规定，且宜设置在出口附近。

4. 厕所应设有效排气（臭）装置，并有适当照明，与外界相通的门窗应设置严密坚固、易于清洁的纱门及纱窗，外门应能自动关闭。

5. 厕所排污管道应与加工经营场所的排水管道分设，且应有可靠的防臭气水封。

（五）更衣场所要求。

1. 更衣场所与加工经营场所应处于同一建筑物内，宜为独立隔间，有适当的照明，并设有符合本规范本条第八项规定的洗手设施。

2. 更衣场所应有足够大小的空间，以供员工更衣之用。

（六）库房要求。

1. 食品和非食品（不会导致食品污染的食品容器、包装材料、工具等物品除外）库房应分开设置。

2. 食品库房应根据贮存条件的不同分别设置，必要时设冷冻（藏）库。

3. 同一库房内贮存不同性质食品和物品的应区分存放区域，不同区域应有明显的标识。

4. 库房的构造应以无毒、坚固的材料建成，应能使贮存保管中的食品品质的劣化降至最低程度，防止污染，且易于维持整洁，并应有防止动物侵入的装置（如库房门口设防鼠板）。

5. 库房内应设置数量足够的物品存放架，其结构及位置应能使储藏的食品距离墙壁、地面均在10厘米以上，以利空气流通及物品的搬运。

6. 除冷库外的库房应有良好的通风、防潮设施。

7. 冷冻（藏）库应设可正确指示库内温度的温度计。

（七）专间要求。

1. 专间应为独立隔间，专间内应设有专用工具清洗消毒设施和空气消毒设施，专间内温度应不高于25℃，宜设有独立的空调设施。加工经营场所面积500米^{2}以上餐馆和食堂的专间入口处应设置洗手、消毒、更衣设施的通过式预进间。500米^{2}以下餐馆和食堂等其他餐饮单位，不具备设置预进间条件的，应在专间内入口处设置洗手、消毒、更衣设施。洗手消毒设施应符合本条第八项规定。

2. 以紫外线灯作为空气消毒装置的，紫外线灯（波长200～275纳米）应按功率不小于1.5瓦/米^{3}设置，紫外线灯宜安装反光罩，强度大于70微瓦/厘米^2。专间内紫外线灯应分布均匀，距离地面2米以内。

3. 凉菜间、裱花间应设有专用冷藏设施，需要直接接触成品的用水，还宜通过净水设施。

4. 专间不得设置两个以上（含两个）的门，专间如有窗户应为封闭式（传递食品用的除外）。专间内外食品传送窗口应可开闭，宜设为进货和出货两个，大小宜以可通过传送食品的容器为准，并有明显标示。

5. 专间的面积应与就餐场所的面积和供应就餐人数相适应，各类餐饮业专间面积要求宜符合本规范附件 1 的规定。

（八）洗手消毒设施要求。

1. 食品处理区内应设置足够数目的洗手设施，其位置应设置在方便从业人员的区域。

2. 洗手消毒设施附近应设有相应的清洗、消毒用品和干手设施。员工专用洗手消毒设施附近应有洗手消毒方法标示。

3. 洗手设施的排水应具有防止逆流、有害动物侵入及臭味产生的装置。

4. 洗手池的材质应为不透水材料（包括不锈钢或陶瓷等），结构应不易积垢，易于清洗。

5. 水龙头宜采用脚踏式、肘动式或感应式等非手动式开关或可自动关闭的开关，并宜提供温水。

6. 就餐场所应设有数量足够的供就餐者使用的专用洗手设施，其设置应符合本项第二目至第四目要求。

（九）供水设施要求。

1. 供水应能保证加工需要，水质应符合 GB 5749《生活饮用水卫生标准》规定。

2. 不与食品接触的非饮用水（如冷却水、污水或废水等）的管道系统和食品加工用水的管道系统，应以不同颜色明显区分，并以完全分离的管路输送，不得有逆流或相互交接现象。

（十）通风排烟设施要求。

1. 食品处理区应保持良好的通风，及时排除潮湿和污浊的空气。空气流向应由高清洁区流向低清洁区，防止食品、餐饮具、加工设备设施污染。

2. 烹调场所应采用机械排风。产生油烟的设备上部，应加设附有机械排风及油烟过滤的排气装置，过滤器应便于清洗和更换。

3. 产生大量蒸汽的设备上方除应加设机械排风外，还宜分隔成小间，防止结露并做好凝结水的引泄。

4. 排气口应装有易清洗、耐腐蚀并符合本条第十二项要求的可防止有害动物侵入的网罩。

5. 采用空调设施进行通风的，就餐场所空气应符合 GB 16153《饭馆(餐厅)卫生标准》要求。

（十一）餐用具清洗消毒和保洁设施要求。

1. 餐用具宜用热力方法进行消毒，因材质、大小等原因无法采用的除外。

2. 餐用具清洗消毒水池应专用，与食品原料、清洁用具及接触非直接入口食品的工具、容器清洗水池分开。水池应使用不锈钢或陶瓷等不透水材料，不易积垢并易于清洗。采用化学消毒的，至少设有 3 个专用水池。各类水池应以明显标识标明其用途。

3. 清洗消毒设备设施的大小和数量应能满足需要。

4. 采用自动清洗消毒设备的，设备上应有温度显示和清洗消毒剂自动添加装置。

5. 应设专供存放消毒后餐用具的保洁设施，其结构应密闭并易于清洁。

（十二）防尘防鼠防虫害设施要求。

1. 加工经营场所门窗应按本条第二项规定设置防尘防鼠防虫害设施。

2.加工经营场所必要时可设置灭蝇设施。使用灭蝇灯的，应悬挂于距地面2米左右的高度，且应与食品加工操作保持一定距离。

3.排水沟出口和排气口应有网眼孔径小于6毫米的金属隔栅或网罩，以防鼠类侵入。

（十三）采光照明设施要求。

1.加工经营场所应有充足的自然采光或人工照明，食品处理区工作面不应低于220勒克斯，其他场所不应低于110勒克斯。光源应不至于改变所观察食品的天然颜色。

2.安装在食品暴露正上方的照明设施宜使用防护罩，以防止破裂时玻璃碎片污染食品。冷藏（冻）库房应使用防爆灯。

（十四）废弃物暂存设施要求。

1.食品处理区内可能产生废弃物或垃圾的场所均应设有废弃物容器。废弃物容器应与加工用容器有明显区分的标识。

2.废弃物容器应配有盖子，以坚固、不透水的材料制造，能防止有害动物的侵入、不良气味或污水的溢出，内壁应光滑以便于清洗。

3.在加工经营场所外的适当地点宜设置废弃物临时集中存放设施，其结构应密闭，能防止害虫进入、孳生且不污染环境。

第八条　设备与工具要求

（一）食品加工用设备和工具的构造应有利于保证食品安全，易于清洗消毒，易于检查，避免因构造原因造成润滑油、金属碎屑、污水或其他可能引起污染的物质滞留于设备和工具中。

（二）食品容器、工具和设备与食品的接触面应平滑、无凹陷或裂缝，设备内部角落部位应避免有尖角，以避免食品碎屑、污垢等的聚积。

（三）设备的摆放位置应便于操作、清洁、维护和减少交叉污染。

（四）用于原料、半成品、成品的工具和容器，应分开并有明显的区分标志；原料加工中切配动物性和植物性食品的工具和容器，应分开并有明显的区分标志。

（五）所有用于食品处理区及可能接触食品的设备与工具，应由无毒、无臭味或异味、耐腐蚀、不易发霉且符合食品安全标准的材料制造。不与食品接触的设备与工具的构造，也应易于保持清洁。

（六）食品接触面原则上不得使用木质材料（工艺要求必须使用除外），必须使用木质材料的工具，应保证不会对食品产生污染。

第三章　加工操作要求

第九条　加工操作规程的制定与执行

（一）餐饮服务经营者应按本规范有关要求，根据预防食物中毒的基本原则，制定相应的加工操作规程。

（二）加工操作规程应包括对食品采购、运输和贮存、粗加工、切配、烹调、凉菜配制、现榨果蔬汁及水果拼盘制作、点心加工、裱花操作、烧烤加工、生食海产品加工、备餐及供餐、食品再加热和工具、容器、餐饮具清洗、消毒、保洁等各道操作工序的具体规定和详细的操作方法与要求。

（三）加工操作规程应具体规定标准的加工操作程序、加工操作过程关键项目控制标准和设备操作与维护标准，明确各工序、各岗位人员的要求和职责。

（四）应教育培训员工按照加工操作规程进行操作，使其符合加工操作、食品安全和品质管理要求。

加工经营场所面积 2 000 米² 以上的餐馆、就餐场所有 300 座位以上或单餐供应 300 人以上的餐馆、食堂及连锁经营的餐饮服务经营者宜建立和实施 HACCP 食品安全管理体系，制订 HACCP 计划和执行文件。

第十条　原料采购要求

（一）应符合国家有关食品安全标准和规定的有关要求，并应进行验收，不得采购《食品安全法》第二十八条规定禁止生产经营的食品和《中华人民共和国农产品质量安全法》第三十三条规定不得销售的农产品。

（二）采购时应索取发票等购货凭据，并作好采购记录，便于溯源；向食品生产单位、批发市场等批量采购食品的，还应索取许可证、检验（检疫）合格证明等。

（三）入库前应进行验收，出入库时应登记，作好记录。

第十一条　食品运输工具应当保持清洁，防止食品在运输过程中受到污染。

第十二条　贮存要求

（一）贮存食品的场所、设备应当保持清洁，无霉斑、鼠迹、苍蝇、蟑螂，不得存放有毒、有害物品（如杀鼠剂、杀虫剂、洗涤剂、消毒剂等）及个人生活用品。

（二）食品应当分类、分架存放，距离墙壁、地面均在 10 厘米以上，并定期检查，使用应遵循先进先出的原则，变质和过期食品应及时清除。

（三）食品冷藏、冷冻储藏的温度应分别符合冷藏和冷冻的温度范围要求。

1. 食品冷藏、冷冻储藏应做到原料、半成品、成品严格分开，不得在同一冰室内存放。冷藏、冷冻柜（库）应有明显区分标志，宜设外显式温度（指示）计，并定期校验，以便于对冷藏、冷冻柜（库）内部温度的监测。

2. 食品在冷藏、冷冻柜（库）内储藏时，应做到植物性食品、动物性食品和水产品分类摆放。

3. 食品在冷藏、冷冻柜（库）内储藏时，为确保食品中心温度达到冷藏或冷冻的温度要求，不得将食品堆积、挤压存放。

4. 用于储藏食品的冷藏、冷冻柜（库），应定期除霜、清洁和维修，以确保冷藏、冷冻温度达到要求并保持卫生。

第十三条　粗加工及切配要求

（一）加工前应认真检查待加工食品，发现有腐败变质迹象或者其他感官性状异常的，不得加工和使用。

（二）各种食品原料在使用前应洗净，动物性食品、植物性食品应分池清洗，水产品宜在专用水池清洗，禽蛋在使用前应对外壳进行清洗，必要时消毒处理。

（三）易腐食品应尽量缩短在常温下的存放时间，加工后应及时使用或冷藏。

（四）切配好的半成品应避免污染，与原料分开存放，并应根据性质分类存放。

（五）切配好的食品应按照加工操作规程，在规定时间内使用。

（六）已盛装食品的容器不得直接置于地上，以防止食品污染。

（七）加工用容器、工具应符合本规范第二十三条规定。生熟食品的加工工具及容器应分开使用并有明显标志。

第十四条　烹调加工要求

（一）烹调前，应认真检查待加工食品，发现有腐败变质或者其他感官性状异常的，不得进行烹调加工。

（二）不得将回收后的食品（包括辅料）经烹调加工后再次供应。

（三）需要熟制加工的食品应当烧熟煮透，其加工时食品中心温度应不低于70℃。

（四）加工后的成品应与半成品、原料分开存放。

（五）需要冷藏的熟制品，应尽快冷却后再冷藏。

第十五条　凉菜配制要求

（一）加工前，应认真检查待配制的成品凉菜，发现有腐败变质或者其他感官性状异常的，不得进行加工。

（二）操作人员进入专间前应更换洁净的工作衣帽，并将手洗净、消毒，工作时应戴口罩。

（三）专间内应当由专人加工制作，非操作人员不得擅自进入专间。不得在专间内从事与凉菜加工无关的活动。

（四）专间每餐（或每次）使用前应进行空气和操作台的消毒。使用紫外线灯消毒的，应在无人工作时开启30分钟以上。

（五）专间内应使用专用的工具、容器，用前应消毒，用后应洗净并保持清洁。

（六）供加工凉菜用的蔬菜、水果等食品原料，未经清洗处理的，不得带入凉菜间。

（七）制作好的凉菜应尽量当餐用完。剩余尚需使用的，应存放于专用冰箱内冷藏或冷冻。食用前按本规范第二十二条规定进行再加热。

第十六条　现榨果蔬汁及水果拼盘制作要求

（一）从事现榨果蔬汁和水果拼盘加工的人员操作前应更衣、洗手并进行手部消毒，操作时佩戴口罩。

（二）现榨果蔬汁及水果拼盘制作的设备、工用具应专用。每餐次使用前应消毒，用后应洗净并在专用保洁设施内存放。

（三）用于现榨果蔬汁和水果拼盘的瓜果应新鲜，未经清洗处理的不得使用。

（四）制作的现榨果蔬汁和水果拼盘应当餐用完。

第十七条　点心加工要求

（一）加工前应认真检查各种食品原辅料，发现有腐败变质或者其他感官性状异常的，不得进行加工。

（二）需进行热加工的应按本规范第十四条要求进行操作。

（三）未用完的点心馅料、半成品点心，应在冷柜内存放，并在规定的存放期限内使用。

（四）奶油类原料应低温存放。水分含量较高的含奶、蛋的点心应当在10℃以下或60℃以上的温度条件下贮存。

第十八条　裱花操作要求

（一）专间内操作卫生应符合本规范第十五条第二项至第五项要求。

（二）蛋糕坯应在专用冰箱中贮存，贮存温度10℃以下。

（三）裱浆和新鲜水果（经清洗消毒）应当天加工，当天使用。

（四）植脂奶油裱花蛋糕储藏温度在3±2℃，蛋白裱花蛋糕、奶油裱花蛋糕、人造奶油裱花蛋糕贮存温度不得超过20℃。

第十九条　烧烤加工要求

（一）烧烤加工前应认真检查待加工食品，发现有腐败变质或者其他感官性状异常的，不得进行加工。

（二）原料、半成品应分开放置，成品应有专用存放场所，避免受到污染。

（三）烧烤时，宜避免食品直接接触火焰和食品中油脂滴落到火焰上。

第二十条　生食海产品加工要求

（一）从事生食海产品加工的人员操作前应清洗、消毒手部，操作时佩戴口罩。

（二）用于生食海产品加工的工具、容器应专用。用前应消毒，用后应洗净并在专用保洁设施内存放。

（三）用于加工的生食海产品应符合相关食品安全要求。

（四）加工操作时，应避免生食海产品的可食部分受到污染。

（五）加工后的生食海产品应当放置在食用冰中保存并用保鲜膜分隔。

（六）加工后至食用的间隔时间不得超过 1 小时。

第二十一条　备餐及供餐要求

（一）操作前，应清洗、消毒手部，在备餐专间内操作应符合本规范第十五条第二项至第五项要求。

（二）操作人员应认真检查待供应食品，发现有感官性状异常的，不得供应。

（三）操作时，要避免食品受到污染。

（四）菜肴分派、造型整理的用具应经消毒。

（五）用于菜肴装饰的原料使用前应洗净消毒，不得反复使用。

（六）在烹饪后至食用前需要较长时间（超过 2 小时）存放的食品，应当在高于 60 ℃或低于 10 ℃的条件下存放。

第二十二条　食品再加热要求

（一）无适当保存条件（温度低于 60 ℃，高于 10 ℃条件下放置 2 小时以上的）；存放时间超过 2 小时的熟食品，需再次利用的应充分加热。加热前应确认食品未变质。

（二）冷冻熟食品应彻底解冻后经充分加热方可食用。

（三）加热时中心温度应高于 70 ℃，未经充分加热的食品不得食用。

第二十三条　餐饮具要求

（一）餐饮具使用后应及时洗净，定位存放，保持清洁。消毒后的餐用具应贮存在专用保洁柜内备用，保洁柜应有明显标记。餐具保洁柜应当定期清洗，保持洁净。

（二）接触直接入口食品的餐饮具使用前应洗净并消毒。

（三）应定期检查消毒设备、设施是否处于良好状态。采用化学消毒的应定时测量有效消毒浓度。

（四）消毒后餐饮具应符合 GB 14934《食（饮）具消毒卫生标准》规定。

（五）不得重复使用一次性餐饮具。

（六）已消毒和未消毒的餐饮具应分开存放，保洁柜内不得存放其他物品。

第四章　食品安全管理

第二十四条　食品安全管理机构与人员要求

（一）餐饮服务经营者的法定代表人或负责人是食品安全的第一责任人，对本单位的食品安全负全面责任。

（二）加工经营场所面积 1 500 米^2 以上的餐饮服务经营者应设置食品安全管理职责部门，对本单位食品安全负全面管理职责。

（三）餐饮服务经营者应设置食品安全管理人员，加工经营场所面积 1 500 米^2 以上的餐馆、食堂及连锁店的经营者应设专职食品安全管理人员，其他餐饮服务经营者的食品安全管理人员可为兼职，但不得由加工经营环节的工作人员兼任。

（四）加工经营场所面积 3 000 米^2 以上的餐馆、食堂及连锁经营的餐饮服务经营者宜设置检验室，对食品原料、接触直接入口食品的餐饮具和成品进行检验，检验结果应记录。

第二十五条　食品安全管理人员应具备高中以上学历，有从事食品安全管理工作的经验，参加过食品安全管理人员培训，身体健康并具有从业人员健康合格证明。

食品安全管理人员的主要职责包括：

（一）配合开展从业人员的食品安全法律和知识培训。

（二）制定食品安全管理制度及岗位责任制度，并对执行情况进行督促检查。

（三）检查餐饮服务经营过程的食品安全状况并记录，对检查中发现的不符合食品安全要求的行为及时制止并提出处理意见。

（四）对食品安全检验工作进行管理。

（五）组织从业人员进行健康检查，督促患有有碍食品安全疾病和病症的人员调离相关岗位。

（六）建立食品安全管理档案。

（七）接受和配合食品药品监督管理部门对本单位的食品安全进行监督检查，并如实提供有关情况。

（八）与保证食品安全有关的其他管理工作。

第二十六条　餐饮服务经营者应制订从业人员食品安全教育和培训计划，组织各部门负责人和从业人员参加各种上岗前及在职培训。

食品安全教育和培训应针对每个食品加工操作岗位分别进行，内容应包括法律、法规、规范、标准和食品安全知识、各岗位加工操作规程等。

第二十七条　餐饮服务经营者应制定内部食品安全管理制度，实行岗位责任制，制订食品安全检查计划，规定检查时间、检查项目及考核标准。每次检查应有记录并存档。

第二十八条　环境管理要求

（一）餐饮服务经营场所内环境（包括地面、排水沟、墙壁、天花板、门窗等）应保持清洁和良好状况。

（二）餐厅内桌、椅、台等应保持清洁。

（三）废弃物应在每次供餐结束后及时清除，清除后的容器应及时清洗，必要时进行消毒。

（四）废弃物放置场所不得有不良气味或有害（有毒）气体溢出，应防止昆虫的孳生，防止污染食品、食品接触面、水源及地面。

（五）食品加工过程中废弃的食用油脂应集中存放在有明显标志的容器内，定期按照《食品生产经营单位废弃食用油脂管理的规定》予以处理。

（六）污水和废气排放应符合国家环保要求和排放标准。

（七）应定期进行除虫灭害工作，防止害虫孳生。除虫灭害工作不能在食品加工操作时进行，实施时对各种食品（包括原料）应有保护措施。

（八）使用杀虫剂进行除虫灭害，应由专人按照规定的使用方法进行。使用时不得污染食品、食品接触面及包装材料；使用后应将所有设备、工具及容器彻底清洗。

（九）场所内如发现有害动物存在，应追查和杜绝其来源。扑灭方法应以不污染食品、食品接触面及包装材料为原则。

第二十九条　场所及设施管理

（一）应建立餐饮服务经营场所及设施清洁制度，各岗位相关人员按规定开展清洁工作，使场所及其内部各项设施随时保持清洁。

（二）应建立餐饮服务经营场所及设施维修保养制度，并按规定进行维护或检修，使其保持良好的运行状况。

（三）餐饮服务经营场所内不得存放与食品加工无关的物品，各项设施也不得用作与食品加工无关的用途。

第三十条　设备及工具管理

（一）应建立加工操作设备及工具清洁制度，用于食品加工的设备及工具使用后应洗净，接触直接入口食品的还应进行消毒。

（二）清洗消毒时应注意防止污染食品、食品接触面。

（三）采用化学消毒的设备及工具消毒后要彻底清洗。

（四）已清洗和消毒过的设备和工具，应在保洁设施内定位存放，避免再次受到污染。

（五）用于食品加工操作的设备及工具不得用做与食品加工无关的用途。

第三十一条　清洗和消毒管理

（一）应制定清洗和消毒制度，以保证所有食品加工操作场所清洁卫生，防止食品污染。

（二）使用的洗涤剂、消毒剂应符合 GB 14930.1《食品工具、设备用洗涤卫生标准》和 GB 14930.2《食品工具、设备用洗涤消毒剂卫生标准》等有关食品安全标准和要求。

（三）用于清扫、清洗和消毒的设备、用具应放置在专用场所妥善保管。

（四）设备及工具、操作人员手部消毒按本规范第三十一条及本条有关规定执行。

第三十二条　杀虫剂、杀鼠剂、清洗剂、消毒剂及有毒有害物管理

（一）杀虫剂、杀鼠剂及其他有毒有害物品存放，均应有固定的场所（或橱柜）并上锁，包装上应有明显的警示标志，并有专人保管。

（二）各种有毒有害物的采购及使用应有详细记录，包括使用人、使用目的、使用区域、使用量、使用及购买时间、配制浓度等。使用后应进行复核，并按规定进行存放、保管。

第三十三条　食品添加剂的使用应符合 GB 2760《食品添加剂使用卫生标准》的规定，并应有详细记录。

食品添加剂存放应有固定的场所（或橱柜），包装上应标示"食品添加剂"字样，并有专人保管。

第三十四条　留样要求

（一）食堂及重要接待活动供应的食品成品应留样。

（二）留样食品应按品种分别盛放于清洗消毒后的密闭专用容器内，在冷藏条件下存放48小时以上，每个品种留样量不少于100克。

第三十五条　餐饮服务经营者应建立投诉管理制度，对消费者提出的口头或书面意见与投诉，应立即追查原因，妥善处理。

第三十六条　记录管理

（一）原料采购验收、加工操作过程关键项目、食品安全检查情况、人员健康状况、教育与培训情况、食品留样、检验结果及投诉情况、处理结果、发现问题后采取的措施等均应予以记录。

（二）各项记录均应有执行人员和检查人员的签名。

（三）各岗位负责人应督促相关人员按要求进行记录，并每天检查记录的有关内容。食品安全管理人员应经常检查相关记录，记录中如发现异常情况，应立即督促有关人员采取措施。

（四）有关记录至少应保存2年。

第五章　从业人员要求

第三十七条　从业人员健康管理

（一）从业人员应按《中华人民共和国食品安全法》的规定，每年至少进行一次健康检查，必要时接受临时检查。新参加或临时参加工作的人员，应经健康检查，取得健康合格证明后方可参加工作。凡患有痢疾、伤寒、病毒性肝炎等消化道传染病，活动性肺结核，化脓性或者渗出性皮肤病以及其他有碍食品安全疾病的，不得从事接触直接入口食品的工作。

（二）从业人员有发热、腹泻、皮肤伤口或感染、咽部炎症等有碍食品安全病症的，应立即脱离工作岗位，待查明原因并将有碍食品安全的病症治愈后，方可重新上岗。

（三）应建立从业人员健康档案。

第三十八条　从业人员培训

应对新参加工作及临时参加工作的从业人员进行食品安全知识培训，合格后方能上岗。在职从业人员应进行食品安全培训，培训情况应记录。

第三十九条　从业人员的个人卫生

（一）应保持良好的个人卫生。操作时，应穿戴清洁的工作服、工作帽（专间操作人员还需戴口罩），头发不得外露，不得留长指甲，涂指甲油，佩戴饰物。

（二）操作时手部应保持清洁，操作前手部应洗净。接触直接入口食品时，手部还应进行消毒。

（三）接触直接入口食品的操作人员在有下列情形时应洗手：

1. 处理食物前。

2. 上厕所后。

3. 处理生食物后。

4. 处理弄污的设备或饮食用具后。

5. 咳嗽、打喷嚏或擤鼻子后。

6. 处理动物或废物后。

7. 触摸耳朵、鼻子、头发、口腔或身体其他部位后。

8. 从事任何可能会污染双手的活动 (如处理货项、执行清洁任务) 后。

（四）非接触直接入口食品的操作人员，在有下列情形时应洗手：

1. 开始工作前。

2. 上厕所后。

3. 处理弄污的设备或饮食用具后。

4. 咳嗽、打喷嚏或擤鼻子后。

5. 处理动物或废物后。

6. 从事任何可能会污染双手的活动后。

（五）专间操作人员进入专间时应再次更换专间内专用工作衣帽并佩戴口罩，操作前双手严格进行清洗消毒，操作中应适时地消毒双手。不得穿戴专间工作衣帽从事与专间内操作无关的工作。

（六）个人衣物及私人物品不得带入食品处理区。

（七）食品处理区内不得有抽烟、饮食和其他可能污染食品的行为。

（八）进入食品处理区的非加工操作人员，应符合现场操作人员卫生要求。

第四十条　从业人员工作服管理

（一）工作服（包括衣、帽、口罩）宜用白色（或浅色）布料制作，也可按其工作的场所从颜色或式样上进行区分，如粗加工、烹调、仓库、清洁等。

（二）工作服应有清洗保洁制度，定期进行更换，保持清洁。接触直接入口食品人员的工作服应每天更换。

（三）从业人员上厕所前应在食品处理区内脱去工作服。

（四）待清洗的工作服应放在远离食品处理区的地方。

（五）每名从业人员应有两套或两套以上的工作服。

第六章　附　则

第四十一条　本规范由国家食品药品监督管理局负责解释。

第四十二条　本规范自发布之日起施行。

[1] 郁庆福.现代卫生微生物学[M].北京: 人民卫生出版社, 1995.

[2] 卫生部卫生法制与监督司.食品生产经营人员食品卫生培训手册[M].北京: 民族出版社, 1998.

[3] 张磊, 李洁, 傅华, 等.上海市餐饮从业人员食物中毒相关行为及影响因素研究[J].上海预防医学: 2007, 19（5）.

[4] 上海市餐饮服务食品安全规范化管理指南编委会.更好的管理, 更安全的食品——上海市餐饮服务食品安全规范化管理指南[M].上海: 上海科学技术出版社, 2010.

[5] David McSwance.食品安全与卫生基础[M].吴永宁, 译.北京: 化学工业出版社, 2006.

[6] National Restaurant Association Education Foundation.Servsafe.食品安全基要课程[M].5版.2009.

[7] U.S.Food and Drug Administration.FDA Food Code,2009.

[8] World Health Organization.Safe food handling.A Training guide for managers/food service establishments,1989.

[9] Chartered lnstitute of Environment Health. Chadwick HOUS Group Limited,1999.

[10] U.K.Food Standards Agency.Safer food,better business,2006.

[11] Food Safety Authority of lreland.Guide to Food Safety Training.Level l-Induction Skills and Level 2-Additional Skills,2006.

[12] 香港食物环境卫生署.食物卫生守则

[13] 中华人民共和国刑法

[14] 中华人民共和国食品安全法

[15] 中华人民共和国食品安全法实施条例

[16] 餐饮服务食品安全操作规范

[17] 国务院办公厅关于严厉打击食品非法添加行为切实加强食品添加剂监管的通知

[18] 上海市集体用餐配送监督管理办法

[19] 中华人民共和国刑法